災後論

核（原爆・原発）責任論へ

天野恵一

AMANO Yasukazu

インパクト出版会

目次

I

2011年3月11日直後

II
2012年3月11日後

Ⅲ 2013年3月11日後

まえがき――〈災後〉と〈壊憲〉

〈3・11原発震災〉の前と後では決定的な断絶がうまれた。地震・津波・原発事故（空に海に終りようのない放射能のたれ流し）の連鎖がうみだす、無差別爆撃をうけた都市のごとき無人地帯となった都市、一瞬にして水にのみこまれてしまう家、村、瓦礫の山が続くだけといった風景。少なからぬ人が、それを敗戦直後の風景と重なると論じた。

そう私たちに実感させたのは、その「地獄」の光景の出現だけではなかった。〈災後〉、誰の眼にもわかるかたちでグロテスクに露呈したのは、国家・官僚・政治家（それを支配する大企業＝大資本）が、御用知識人を金でコントロールし、マス・メディア（そこのジャーナリスト）をフル活用して、どれだけの嘘（デマゴギー）を歴史的につみあげてきたか、その恐るべき民衆支配の実態であった。端的に誰しも戦後のマス・メディアの機能と、あの日々敗北を勝利といいくるめるデマを報じ続けた「大本営発表」を重ねただろう。そういう意味で〈災後〉体験は〈戦後〉体験と必然的に重ねられた（もちろん戦後生まれの私にはナマの敗戦体験があったわけではないが）。

戦後の産業の血液であるエネルギーを、今日的に支配している、地域独占体制としてつくられたあの「東電」を含む九つの電力会社も、戦時統制経済下の電力国家管理の、戦後への「国策民営」というスタイルでの延命形態であったにすぎない。この事も少なからぬ人々が〈災後〉語りだした。

戦争社会（国家）から平和社会（国家）への進歩という、素朴な支配的認識のパラダイム・チェンジを私に強いたのは、一九六八年以来のベトナム反戦と大学闘争の体験であった。大日本帝国をめぐる問題（植民地支配・侵略戦争の負の遺産）は、そのまま視えにくいかたちに変貌しながら継続（連続）している。その時代、私はハッキリと、そうした認識を手にした。

そして〈3・11〉の破局的体験は、私に二度目のパラダイム・チェンジを強いた。それは、八〇年代九〇年代からそして二〇〇〇年に入っても持続されている、反天皇制そして反戦反基地――沖縄民衆との連帯、さらには反改憲をテーマとする、私の運動体験の中で、はぐくまれ準備されてきた認識の決定的な転換であった。〈3・11〉直後からあふれ出した情報と知識をバネに、よりハッキリ視えてきたのは、〈敗戦と占領〉による決定的な〈断絶〉という問題である。もちろんそれは〈アメリカ帝国による日本のコントロール〉という歴史の問題だ。

そして〈災後〉の時間は、自民党政権よりマシの期待を大いなる幻滅に転じた民主党政権の終焉をすぐもたらし、スッキリとした天皇主義者安倍晋三自民党政権のカムバックをも、もたらした。この〈壊憲〉政権はアメリカ帝国の政治的軍事的コントロールに自発的に従属しながら、本格的戦争国家日本づくりへ向けて暴走しだした。支離滅裂なウルトラ・ナショナリスト（アメリカのポチである〈純粋日本主義〉）は、アメリカじかけの戦後象徴天皇国家の奇妙な姿を、戦後、長く隠されてきたそのグロテスクな姿を白日の下にさらしだしている。今、私は〈災後〉の体験を通して、〈もう一つの戦後史〉をやっと手にしだしているようだ。

本書は、その進行中のパラダイム・チェンジのプロセスの、運動の渦中での殴り書きのレポートである。

I

2011年3月11日直後

2011.3.11

政府・東京電力は、すべての原発をストップし、福島原発事故の予想される本当の危機も含めた情報をすべて開示せよ！

三月一一日からまったく別の世界、別の時間に滑り落ちてしまった。とてつもない無力感とひたすらなる焦燥感にまみれた日々が始まってしまったのである。地震で本棚がいくつも倒れ、本の山でドアが開かなくなってしまった部屋を二日がかりでこじあけ、なんとか机にたどりつけるようにした。その本の山の谷間に存在している机で、今この原稿を書き出している。日々確定される死者が増大し続ける中、直撃された「東北」の一瞬にして津波に家が人が街全体が、のみ込まれていく映像が全局で一日中流されつづけているテレビを見続けている日々、そしてやっぱりの福島原子力発電所の放射能漏れの日々の拡大。くりかえされる余震に脅えながらの日々（余震への脅えは最大の被害地「東北」から「関東」まで文字どおり地続きの事態）。そして始まった計画停電の名の無計画停電（東電による、原発がなくなると大変だぞ、との操作的キャンペーンと思わせるていのもの）がうみだす生活パニック。国策として原発をつくり続けてきた原子力（電力）産業と政府は、最終的な危機にふれずに、まだまだ「安心」「安全」発表をくりかえしているが、そのキャンペーンに都合のわるい本当の事実は発表されてはいない。

大地震という「自然災害」の恐ろしさに脅え、無力感に落ち込んでいられないと思い直して、いくつかの運動体の緊急会議に出席し、こんな時、私たちはどんな声を発し、どのように動くべきかの討論をしつつ、各運動体（個人）が連絡し合って、最低限の情報交換と、反原発運動体を軸に据えて広くスタンスを共有するための会議をつくりだすべく、私は動き出した。

私たち「反安保行動をつくる実行委員会」と長く協力関係にある反原発運動体「たんぽぽ舎」が緊急集会準備などで大忙しの状態であり、手伝いが必要との情報が飛び込んできた。満足に歩けないフラフラした闘病中の身とはいえ、なにか手伝おうと「たんぽぽ舎」につめた時のことである。そこには全国から(メールやFAXで)「パンフレット」の注文が殺到していた。私は、この「逃げ方パンフ」(槌田敦著『原発事故の防災対策——早く10キロ圏外へ逃げること』)の発送のお手伝いから始めた。その作業中に注文FAXにある母親の言葉に胸をつかれた。「原発の危険は知識としては知っていたのに、ストップさせる運動を担うことをしなかった結果ここまで来て、自分の娘たちの未来までメチャクチャにしてしまって、どうしたらいいんだろう……」。

この途方にくれる母の言葉を読みながら、いつも不愉快な気持ちにさせられた電力産業のテレビCMの「この子たちの未来のために原発のクリーンエネルギーは必要だと思います」というセリフを思い出した。

もう一つ思い出したのは三月一四日の次の都知事選挙への出馬を表明した石原慎太郎の「やっぱり天罰だと思う」というハレンチな言葉である。この言葉は大量に生まれている被災者に「ザマーミロ」と言っているに等しい。どう弁明しようとも許されない言葉である。そして、FAXに書かれた母の思いを上から踏みにじる言葉である。さらにそれは核兵器まで含めた原子力エネルギー大肯定という今までの自分の姿勢に対する反省の気持ちなどこれっぽっちもない、傲慢のきわみともいうべき言葉である。そして、なによりも許せないのは、「人為」的に産み出されている被害を天災（天罰）という衣でつつみこんでしまい、その責任を問わなくてもよいものにしてしまう言葉である点だ。

今、政府・原発産業・マスメディアは「想定外」という言葉をくりかえしくりかえし、垂れ流している。ふざけてはいけない。地震列島日本に原発をつくれば、いつかはこういうことになるという批判は、反原発運動の内外にはあふれていたはずである。この危険は、間違いなく想定内のことであった。にもかかわらず政府・原子力産業・マスメディアは、安全でクリーンなエネルギーというイメージをふりまき、原発づくりをやめなかった結果が、この事態をうみだしたのである。この無責任政府（なんと菅直人政権は、ベトナムに「地震に強い」日本の原発を輸出しようとしている）、無責任産業（資本）、無責任マスコミに、私たちの命がにぎられているという、ここで改めて露呈した事実の前に、今、私たちは「無力」感を強いられているのだ。

原発事故の実態について、徹底した情報開示をせよ！　すべての原発をストップしろ！　この声を政府に、原子力産業に、マスコミに向けて発する動きを拡大しぬこう！

（『反安保実NEWS』二九号、二〇一一年四月二日）

天皇の「御心配」パフォーマンスに「ノー」の声を
――人びとの「不幸」の政治利用はやめよ！

3・11地震・津波・原発事故の大惨事のスタートから、死者の確認される数（万単位）の日々の増大、余震の不気味な繰り返し、放射能汚染の拡大、そしてこの空前の被害をうみだした元凶（政府・東電・マスコミ）による「計画停電」の名の無計画統制によるパニックの演出（それは原発は必要だというキャンペーンである）。こうした状況下、無力感に打ちのめされた気分に落ち込んでいるヒマもなく、いろんなテーマの運動に取り組んでいる団体（個人）が、まずできるだけ広く、課題横断的に結集する。そしてメチャクチャにされた「東北」を中心とする被災者（地）とのネットワークをつくりだし、そのことを通したこの無責任のきわみともいうべき原発政策を国策として進めてきた政府（菅政権の原発のベトナム輸出の売り込みは「地震に強い日本の原発を」であった！）・東電・マスコミ（今も御用学者に「ただちには……安全・安心」などという操作的コメントを垂れ流し続けさせている）に、きちんと責任をとらせ、脱原発社会に向かって動きだす流れをつくりだす。

こうした目標に向かって、私は、自分の関係している諸団体のすべてに働きかけるべく動きだした。〈私たちは今、ともに何をなすべきか〉を討論しつつ、具体的な活動をつくり続けていくしかないのだ。

「セレブ」は東京を逃げだし、とりあえず安心な関西に逃げている。こういう噂が〈3・11〉直後から飛びかいだした。そして天皇夫妻は京都の御所にとっくに移っているという噂も多くの人の口にのぼり、ネットではおそらく天皇一族がいるためであろう、京都御所の警備が強化されている、という情報が流れているという話も私の耳に入りだした。

そういう噂を聞くたびに、私は皇位継承者（予定）の孫たちは移っている可能性は高いが、天皇夫妻は、おそらく、そうはしていないだろうと思った。何故なら、こうした時にこそ果たさなければならない大きな政治的任務が天皇夫妻にはあるからだ。被災地へ行って、御心配パフォーマンスをくりかえすこと（人びとの不幸の政治利用）にはげむのが「平成スタイル」とマスコミに宣伝されてきたのであるから、この空前の人びとの不幸な事態は、そのパフォーマンスの大々的展開のチャンスである。

予想どおり、マスコミじかけの「御心配」パフォーマンスは始まった。一六日、ビデオを通じて「深く心を痛めている陛下」の「復興への希望につながる」ことを「心から願う」というありがたいオコトバが流され、その前の一四日には宮内庁は「両陛下のお気持ち」から御所でも「電力使用」を停止し「節電」にこれつとめている、というこれまた「ありがたい」エピソードを紹介し、二人は被災地の訪問も考えているというニュースを流した。

こうした動きにあわせて、マスコミ(週刊誌)には以下の記事が飛びかいだした。まず『女性自身』(四月一二日号)の記事のタイトルはこうだ。「制止を振り切り、崩れた宮中三殿に10人が参集されて……、報じられない皇室ご一家の全身全霊17日間・力を一つに心を一つに日本・美智子さま(76)『被災者の苦しみを分かちあいたい——』灯火を止めて雅子さま(47)と『救国の祈り』36時間!」。このタイトルで、どんなありがたい「祈り」かは、よくわかるであろう。『女性セブン』(四月一四日号)の方はこうだ。「祈りの御所・天皇(79)皇后(76)両陛下『国民と共に』拒まれた特別室——食事も一汁一菜に、暖房も使われぬ日々——」。天皇夫妻の被災者と苦しみを共有しようという姿勢はありがたくも被災者をどれだけ励ましているかというトーンである。もう一つ同じトーンの『週刊新潮』(四月七日号)のタイトルをひろっておこう。「『戦争中のことを思えば、何でもない……』。御所のブレーカーを落とした天皇陛下の『自主停電』」。

そして天皇夫妻は三〇日、都内の避難所へ出かけた。「緑色ジャンパー姿の天皇陛下と青い上着の皇后さまは、ついたてや段ボールで仕切られた床や畳にひざをつき一人ひとりに声をかけた」(『朝日新聞』三月三一日)。

やはり「平成スタイル」全面展開である。国・東電・マスコミの責任を問わせない国の慈悲深さを身ぶりで演出してみせるマスコミじかけの政治的パフォーマンス。いつでもどこへも移動でき、東京でもシェルター付きの住居に生きている天皇夫妻。大量の「停電」が可能な生活をし、懐中電灯だけの時間もあるほど大変などという記事を眼にし、満足に歩けぬ足をひきずって懐中電灯や電池を求めて何十店舗も走りまわったときの事を思い出して（売り切れで買えなかったのだ）、私は、この特権的で政治的（偽善パフォーマンス）である天皇夫妻の「祈り」に「ノー」の声をあげていく運動の必要も、あらためて痛感した。

（『反天皇制運動モンスター』一五号、二〇一一年四月五日）

「皇室」と「米軍」による人々の不幸の政治利用を許すな！

四月六日午後、皇太子と雅子は震災の避難所として使われている東京都調布市の味の素スタジアムを訪れて、「御見舞いパフォーマンス」を展開してみせた。これは、三月一六日のテレビを通じた「深く心を痛めている陛下」の映像とオコトバというマスコミじかけの「御心配パフォーマンス」、さらに三月三〇日の都内避難所へ天皇夫妻が出かけ、床にひざまずいての声かけパフォーマンスについでのものであった。「大震災」による大量の被災者がうみだされた状況を、政治的に利用した皇族の、自分たちの慈悲深さを自己演出するパフォーマンスは、憲法上の根拠のない行為である（「国事行為」にすら含まれていない）。

六日の皇太子と雅子のパフォーマンス、「ありがたさ」の強制に、抗議の声を路上からあげただけで逮捕された青年がいる。こうした強権的な警備を必然的に伴う「御見舞い」は、本当のところ被災者には迷惑なだけである。偉い人に会えて喜ぶ被災者をひたすらクローズアップしているマスコミは、こうした迷惑な実態はまったくシャットアウトしてしまっている。こうした人々の不幸を政治的に利用して、つくりだされる天皇・皇族の違憲のパフォーマンスに、私たちはこの福島原発事故をもたらした政府・東電・マスコミ（「国策」として原発づくりを推進した彼ら）への抗議の声を重ねて、批判の声をあげていかなければならない。天皇一族のパフォーマンスは、政府・東電・マスコミの無責任を隠蔽するためのものでもあるのだから。

人々の不幸の政治利用ということでいえば、米軍の、この不幸な事態への政治利用的介入にも、私たちは注意の眼を向け続けなければならない。

四月七日の『産経』の一面に、「沖縄、米軍への共感じわり」という見出しの記事があり、それの書き出しは以下の通りである。「東日本大震災で在日米軍による大規模救援活動が続く中、米軍普天間飛行場の移設問題を抱える沖縄県で米軍海兵隊員らに共感する声がじわりと広がっている。ところが、地元メディアは海兵隊員らの救援活動の実態を詳細に伝える記事や写真を掲載せず、活動結果が『政治利用されかねない』という〝旧態依然〟の主張を展開している」。

おそれいった記事である。米軍が被災地で支援活動していることを「利用」して、米軍が災害支援のために沖縄に存在し続けているようにイメージさせ、その存在を正当化してみせることは当然という立場から、『沖縄タイムス』、『琉球新報』の地元二紙を名指して批難する記事が長々と書かれているのである。

「5日現在、掲載された米軍の写真は『新報』が3枚で『タイムス』は2枚。実際に支援活動をしている海兵隊の写真は1枚も掲載されていない。／一方で、『新報』は3月17日付朝刊で、『在沖海兵隊が震災支援　普天間の有用性強調　県内移設理解狙い　不謹慎批判上がる』との見出しで、在日米軍が普天間飛行場の地理的優位性や在沖海兵隊の存在感などをアピールしているとした上で、『援助活動を利用し、県内移設への理解を日本国内で深めようとする姿勢が色濃くにじむ』と主張した」。

米兵によるレイプや暴力に象徴される基地被害を受け続けていた地元住民が、人殺しの専門集団という性格が何も変わらない米軍（海兵隊）が災害支援に出かけていることを口実に、自分たちの沖縄での存在を正当化してみせる動きを「不謹慎」と批判するのは、まったくあたりまえ。本当は、こうした米軍の政治利用批判の主張を非難してみせる『産経』のような主張は、「不謹慎」を通り越して、ハレンチである。『産経』のように政治的に露骨ではなくとも、米軍の「トモダチ」作戦を日米同盟の新しい可能性、あるいは深化と積極的に評価してみせるヤマトのマスコミの政治利用主義も、ハレンチというしかない。

「皇族」と「米軍」のこの憲法破壊の、戦後最大の人々の不幸を政治的に利用してみせる、ハレンチパフォーマンスへの批判のまなざしを！

（『反改憲通信』第六期第二二号、二〇一一年四月十三日）

「福島原発事故緊急会議」スタート！――私たちも参加・協力します

二〇一一年三月一一日以前、以後。この世界を失ったような、新たな「敗戦」体験のごときものが、マスコミで語られだしている、決定的な体験の日の前と後。この断絶と、それでも連続している社会・人間の歴史について、これ以後この日本列島住人は長く語りついでいくことになるだろう。私は「反安保実行委員会」のニュース（四月二日〈29〉号）に、以下のように書いた。

「三月十一日からまったく別の世界。別の時間に滑り落ちてしまった。とてつもない無力感とひたすらなる焦燥感にまみれた日々が始まってしまったのである。地震で本棚がいくつも倒れ、本の山でドアが開かなくなってしまった部屋を二日がかりでこじあけ、なんとか机にたどりつけるようにした。その本の山の谷間に存在している机で、今この原稿を書き出している。日々確定される死者が増大し続ける中、直撃された『東北』の一瞬にして津波に家が人が街全体が、のみ込まれて行く映像が全局で一日中流されつづけているテレビを見続けている日々、そしてやっぱりの福島原子力発電所の放射能漏れの日々の拡大。くりかえされる余震に脅えながらの日々（余震への脅えは最大の被害地『東北』から『関東』まで文字通り地続きの事態）。そして始まった計画停電という名の無計画停電（東電による、原発がなくなると大変だぞ、との操作的キャンペーンと思わせるていのもの）がうみだす生活パニック。国策として原発をつくり続けてきた原子力（電力）産業と政府は、最終的な危機にふれずに、まだまだ『安心』『安全』発表をくりかえしているが、そのキャンペーンに都合のわるい本当の事実は発表されてはいない。／大地震という『自然災害』の恐ろしさに脅え、無力感に落ち込んでいられないと思い直して、いくつかの運動体の緊急会議に出席し、こんな時、私たちはどんな声を発し、どのように動くべきかの討論をしつつ、各運動体（個人）が連絡し合って、最低限の情報交換と、反原発運動体を軸に据えて広くスタンスを共有するための会議をつくりだすべく、私は動き出した」。

この後、ここで私は長く協力関係にある反原発の運動団体「たんぽぽ舎」の作業の手伝いに、まず出かけたと書いている。私は、そこのごった返すような忙しさを目の当たりにし、テレビの御用学者のならぶコメンテーターのなかに混じって、広く反原発運動のセンターのごとき活動を持続している

「原子力資料情報室」の知人・友人の動きなどを眼にした（「資料情報室」は電話をしてもつながらない時間が長かった）。反原発運動の方から、広く、いろんなテーマで運動している個人・団体が連絡結集していく動きが、すぐに創りだされることはあり得ないと判断するしかなかった（忙しすぎる！）。

そこで私は、自分が直接関係している運動体（『反改憲』運動通信」、「反安保実」、「反天連」、「ピープルズ・プラン研究所」、「市民の意見30の会」などの個人、あるいは事務局）で相談しつつ、以下のような〈有志〉たちの呼びかけ文を発することにした。

「〈私たちは今、ともに何をなすべきか〉緊急会議を呼びかけます／今、大地震・津波、原発崩壊という恐るべき事態に私たちは直面している。この局面で、私たちはどういう声をあげるべきか。政府と東電とマスコミに私たちの命を預け、おもちゃにされている状況を、運動的に突破していけるか。／自分の担う運動課題を超えて、広く共同の動きを作り出していくことが必要だと考えた〈有志〉が集まり、『原子力資料情報室』『たんぽぽ舎』などの反原発運動体も囲んで、情報交換と、今、ともに何をなすべきかを活発に討論する集まりを、まず持とうと動き出しました。この『緊急会議』に一人でも多くの団体・個人がお集まりくださるよう、お誘いします」。

この「福島原発事故緊急会議」（という名に落ちついた）は、「共同デスク」「院内集会」そして大きな全国的な脱原発行動への合流などに向けて、今、動き出している。思いのほか広く、人びと（運動団体）が結集しつつあるこの「緊急会議」の一翼を、私たち（「反改憲」運動通信）も脱原発をめざして積極的に担い続けていくつもりである。

（『反改憲通信』第六期第二三号、二〇一一年四月二七日）

「高度に政治的」な天皇一族のパフォーマンス

――「被災」と象徴天皇制をめぐって

〈3・11〉から三か月目の〈6・11〉へ向けた〈脱原発一〇〇万人アクション〉の東京での動きの準備と、「福島原発事故緊急会議」の「被曝労働者問題を軸とした法律プロジェクト」での「連続講座」や「被曝労働自己防衛マニュアル」づくりなどの作業のため、たくさんの人と会い、日にいくつも会議をかけもちするという、病人にはとってても無理なスケジュールの中を走り続けている。

この脱（あるいは反）原発の広く大きなうねりを加速するべく動きながら、反天皇制運動を長く持続してきた私たちが、反天皇制という固有の通路から、どのようにこの脱原発のうねりに合流していくべきかという問題を考え続けてきた。自分たち固有の課題を投げ捨てて、大きな動きに便乗するようなことでは、本当に力ある〈脱原発〉の運動が、生み出されることにはなるまい。

五月一六日の『朝日新聞』の社説（「皇室と震災『国民と共に』を胸に」）にはこうある。

「天皇、皇后両陛下が震災で大きな被害を受けた東北3県を訪問した。首都圏の避難所にも足を運ぶなどして、失意の人々を慰め、励ましている。／ひざをつき被災者の声に耳を傾ける。声をかける。手を添える。その映像に心を動かされた人も多いと思う。／雲仙、奥尻、阪神、中越と大きな自然災害のあった地には、必ず両陛下の姿があった。保守派の論客が『ひざまずく必要はない』と苦言を寄せたこともあったが、揺らぐことなく、そのスタイルを貫いてきた。／困っている人と同じ目の高さに自らを置く。それが新しい時代の皇室の生き方であり、主権者である国民の思いにも沿う。お二人のそんな確信を感じる。計画停電のときには、対象外の御所でも自主的に電気のブレーカーを落とした。これも同じ思いに基づく行いだろう。／『国民と共に』との姿勢を機会あるごとに示す陛下を、『皇室は祈りでありたい』との考えをもつ皇后さまが支える。皇室の将来やその基盤となる国民との関係を見すえながら作り上げてきた〝平成流〟といえる」。

この平成スタイルの賛美は、地震発生五日後の原発事故への不安がピークの時に発せられた「陛下のビデオテープ」のオコトバに続く。そして、この文章は、このようにおちついていく。

「迷走と不信を重ね、発する言葉が国民に届かない政治。それを嘆いたり批判したりする一方で、国政に関する権能をもたないと憲法で定められた天皇に、高度な政治性を託し、あるいは見いだそうという動き。主権者であり現人神（あらひとがみ）とされたかつての天皇と現在の象徴天皇との違いを飛び越えて、終戦時の玉音放送と同視するような論評や感想も目についた。／しかし今回の放送も被災地訪問も、『公的行為』として内閣の補佐と責任において行われることを忘れてはならない。／未曾有の災害に直面し、皇室に多くの目が集まる。そんな時だからこそ、両陛下の歩みに思いを致しつつ、天皇の地位や活動のありようをめぐって、国民の間で積み重ねられてきた議論を忘れないようにしたい）」（傍点筆者）。

ナニヲ、ヘリクツ、ヌカシテヤガル！

私たちが、「忘れてはならない」のは、「公的行為」という「国事」でも「私事」でもないカテゴリーをつくりだして、天皇（夫妻）に憲法上許されていない「高度な政治性を託」す積極的政治活用がつみあげられてきた歴史である（憲法を内側から破壊する「解釈改憲」！）。

「朝日」はまるで、天皇主義右翼のように「現人神」（主義者）天皇とは一線を画しているように自己演出しているが、この間の天皇一族の避難所・被災地「巡幸」報道が、まったくの右翼メディアである『産経』とまったく同じトーン（「国民と共に」の天皇、「祈り」の皇后という平成スタイルの全面賛美！）であったことによく示されるように、実は「朝日」も象徴天皇一族に「高度な政治性を託」し続けているのだ。

全マスコミあげての〈ガンバレ！強い！ニッポン！〉という「復興ナショナリズム」の中心に突出してきた天皇一族の政治的パフォーマンス（福島で野菜を食べてみせる天皇！）。この高度に政治的な偽善と欺瞞のパフォーマンスへの批判の声をこそつくりだす闘いが、いまこそ必要である。考えてもみよ、大量の「放射能」をあびている人たちに、「ガンバレ」などという無責任なナショナリズムが許されてよいわけがあるまい。ガンバッて放射能と闘ったら、待っているのは〈死〉だけである。

さらに繰り返されるであろう天皇一族の被災地「巡行」のパフォーマンス（復興ナショナリズムの煽動）との闘い。ここが反天皇制運動の〈脱原発〉という課題への合流の通路である。そのことをこそ、「忘れないようにしたい」。

（『反天皇制運動モンスター』一七号、二〇一一年六月七日）

「平成天皇制」の「総決算」の政治的パフォーマンス
――Xデーを覚悟し、決意をかためた〈アキヒト・ミチコ〉の平成の「玉音放送」と「被災地巡行」

1　いま、どのような「覚悟の時」か

四月六日、皇太子と雅子は、被災者の避難所となっている東京調布市の味の素スタジアムに向かった。福島県などからの百二十九人の被災者がいたそこでの有様を『女性自身』（四月二六日号）は、このようにレポートしている。

「避難所のスタッフは言う。／『皇太子ご夫妻は、ずっと床にひざをつかれていました。被災者たちは床の上に畳を敷き、その上で生活しています。／皇太子ご夫妻に「どうぞ、なか（畳のところ）へ」と申し上げても、ニッコリされるだけで、床で背筋を伸して座っていらっしゃいました』／雅子さまが、被災者とお話しされていたのは60分以上。その間、ずっと板張りの床で正座されていたのだ」。

「いわき市から避難していた70歳の女性は、『どうしても気になったもので、「うちにも愛子さまと年の近い女の子がいます。今日は（愛子さまは）お留守番なんですね」と申し上げましたら、雅子さまはにっこりとされながら「はい」と。私も緊張していたのですが、そのときの雅子さまがお母さまの表情をされたので、なんだか嬉しくなりました』／被災者のなかには、その愛子さまと同じ名前の高松アイ子さん〈83〉という女性もいた。『私たちは最初に皇太子ご夫妻とお話したんですが、帰られるときにも、最後の最後に雅子さまが寄ってこられて、「おばあちゃん、お体に気をつけてね」と優しいお顔でお辞儀してくださったんです。すごく励まされました。雅子さまのお力は本当にすごいです……』（アイ子さん）／皇太子ご夫妻は、避難所を後にするギリギリまでお見舞いを続けられたのだ。／真心をこめたお言葉に、涙を流す被災者たちも多かった。／ほとんど全家族とお話しされたため、ご滞在は予定より40分以上もオーバー。／雅子さまのご公務の様子が、これほど長く取材されたのは久しぶりのこと」。

この後精神科医香山リカの「……お見舞いに対する強い決意が感じられましたね」とのコメントが紹介され、こう続いている。

「皇太子ご一家は4月2日に、参内され、震災について両陛下とお話しされた。その場で美智子さまから雅子さまに被災者たちを励ますにあたってのアドバイスもあったという。小和田家の知人はこう明かす。／『避難所のお見舞いは16年ぶりで、雅子さまには大きなプレッシャーもあったと思います。／95年1月に起きた阪神・淡路大震災では、その3日後に皇太子ご夫妻は中東ご訪問に出発されました。現地では華やかなドレスをまとわれて行事にも出席されたため、日本では「被災者たちが苦しんでいるのに」という非難の声も上がりました。／雅子さまにとっては大きなショックでした。予定を切り上げて帰国され、その後2月と3月には避難所を回られ、懸命に被災者を励まされたのです……』／この際の出来事は、雅子さまにとってトラウマになった。／『味の素スタジアム』ご訪問の3日後、4月9日は学習院初等科の始業式だった。／不登校の問題発覚から1年、愛子さまも4年生になられた。／愛子さまが新年度からお1人で登校されるのかもと、かねて注目されていたが、この日は雅子さまが付き添い登校されるお姿があった。／皇室ジャーナリストの松崎敏弥さんは言う。／『4月14日に天皇皇后両陛下が被災地の千葉県旭市、秋篠宮ご夫妻が新潟県内の避難所をそれぞれ訪問されます。／さらに4月下旬には、両陛下の宮城県お見舞いも検討されています。現地は大変な状況のため日程は日帰りで、自衛隊機で近くの空港にいかれた後、ヘリコプターを利用されるようです。／今後は両陛下、皇太子ご夫妻、秋篠宮ご夫妻が、広大な被災地を分担して回られることになるでしょう。／愛子さまには、〝お母さまのお見舞いは被災した人々のため〟ということをご理解いただき、徐々にでもお1人で登校していただかなくてはなりません。／きちんとお話すれば、「私も学校で頑張るから、ママもお仕事頑張ってね！」と雅子さまを励まされるようになられるのではないでしょうか』／雅子さまも愛子さまも、いま覚悟のときを迎えているのだ――」（傍点引用者）

長々と引用したのは、この記事に、マスコミ（皇室メディア）のねらいの骨格がクッキリと示されているからである。

〈3・11〉の地震・津波・福島原発事故（放射能たれ流し）という大災害がうみだされる直前のマスコミの皇室報道の流れは、こうだった。

なんとか、イギリスのウィリアム王子とケイト・ハミルトンの結婚式に、皇太子夫妻に元気に参加してもらい、それで雅子の「外交したいけどできない」トラウマを解消する、それを公務そっちのけで愛子ベッタリをあらためる契機として使ってもらいたい。すなわちこのハデなロイヤル・ウェディングへの参列を通した皇太子夫妻の落ちた信用の復権を、というトーンがその主流であったのだ。それは、思いのほか深刻なアキヒト天皇夫妻の病気と老化という報道とセットであった。

そこには、平成天皇のXデーは近い、次の天皇夫妻は〈アキヒト―ミチコ〉のつくりだした〈平成スタイル〉の継承者たるべく、ガンバッてくれという政治意思が読み取れるものであった。

それは二男の家（秋篠宮・紀子）に男の子ができ長男の家には女の子しか生まれなかったというネジレがうみだした雅子バッシング（天皇主義右翼がしかけた）は皇太子バッシングにまでいきつき、皇太子・雅子VS秋篠宮・紀子の対立も公然化し、ロイヤル・ファミリーの団結にひびが入っていることが全面露出した状況で展開されたアキヒト天皇在位二十年奉祝キャンペーン（それは結婚〈ミッチー・ブーム〉五〇年をも重ねた大々的なものであった）の予想された不発の後の必然的な流れがうみだしたものだといえよう。

いってみれば、「不安げな、皇室讃美」報道であったのだ。

ところが〈3・11〉後、事態は急変している。

皇太子夫妻はイギリスのロイヤル・ウェディングの出席をキャンセルし、天皇は、「いたわりあい」を呼びかけるビデオ・メッセージなるものをはじめて発し、皇室メディア（マス・メディア）の中にはそれを平成の玉音放送とネーミングするものもあらわれた。そして、天皇一族（三家）のこぞっての避難所・被災地めぐりがスタートしたのである。決意をこめた力強い「巡行」が。美智子の雅子への「平成スタイル」での被災地めぐりへの「アドバイス」もあったのだ。引いた『女性自身』の記事のタイトルは「雅子さま（47）『美智子さま（76）の祈り』と『阪神大震災のトラウマ』を胸に秘め……真心の『板の間』正座60分に被災者129人が涙した！」である。ひざまづいて、正座して、「上から」でなく被災者と同じ目線で一人一人にやさしい言葉をかけて「真心」からの「御心配」を演出するという、アキヒト・ミチコがつくりだしてきたパフォーマンスは雅子に直接伝授されたようである。マスコミ（皇室＝国策メディア）は、被災者の感謝感激雨霰のシーン（言葉たち）を大量にクローズアップし、センセーショナルに報ずる（テレビのトーンは、この女性週刊誌のトーンと、まったく変わらない）。

「さま、さま」づけで呼ばれる超特権的身分の「偉い」人が、ひざまづいて同情してくれる、なんと、なんとアリガタイ事であろうか、というわけだ。なんという「臣民」根性（奴隷根性）であろうか。そして、マスコミは奴隷こそがあたりまえと煽りまくっているのだ。

2　「奇怪な逆転」（倒錯）

私はテレビで報道された、予定時間オーバーしたという皇太子・雅子の避難所めぐりの時の、ある被災者の言葉に、一瞬聞きまちがえたのかと思うほど驚いた。彼女は、「被災してよかった、それで雅子さまに会えた」と言ったのである。本当にアキレタ。何万人もの死者を出し、原発の放射能は、どうしたらストップできるか、わからない状態、すなわち、さらなる恐ろしい被災は蓄積、拡大しているという状況下で、なんとか生きのびた、被災者本人の「よかった」発言である。本気なのか、まあマスメディアにクローズアップされている条件下では、マジでそんな気分になるようにされてしまったのだろう。しかし、なんという倒錯であろう。

今後、マスコミのクローズアップを媒介にしてさらに大々的に組織されていくであろう、この倒錯心理について考えながら、私はフト、堀田善衞の『方丈記私記』を読みなおしてみようと思った。

この間、初期の小説をまとめて読む機会を持ち、遅まきながら、堀田がストレートな天皇制批判という課題に執拗にこだわり続けた例外的な戦後作家であるという事実を確認していた私は、このはるか以前に手にした作品をこそ、今、読みなおしてみようと考えたのである。私が、その本の中で具体的にイメージしたのは、あの東京大空襲の時、ヒロヒト天皇が被災地を歩いたその時、堀田が出っくわしたその「風景」である。

それは、このように書かれていた。

「九時近くに、私はふたたび冨岡八幡宮跡へ戻って行った。／そうして、もう一度私はおどろいた。焼け跡はすっかり整理されて、憲兵が四隅に立ち、高位のそれらしい警官のようなものも数を増し、背広に巻脚絆《まききゃはん》の文官のようなもの、国民服の役人らしいものもいて、ちょっとした人だかりがしていた。もとより憲兵などに近づくものではない。何事か、と遠くから私はうかがっていた。／九時すぎかと思われる頃に、おどろいたことに自動車、ほとんどが外車である乗用車の列が永代橋の方向からあらわれ、なかに小豆《あずき》色の自動車がまじっていた。それは焼け跡とは、まったく、なんとも言えずなじまない光景であって、現実とはとても信じ難いものであった。これ以上に不調和な景色《けいしょく》はないと言い切ってよいほどに、生理的に不愉快なほどにも不調和な光景であった。焼け跡には、他人が通りがかると、時に狼《おおかみ》のように光った眼でぎらりと睨《にら》みつける、生き残りの罹災者《りさいしゃ》のほかには似合うものはないのである。乗用車の列が、サイドカーなども伴い、焼け跡に特有の砂埃《すなぼこ》りをまきあげてやって来る。／小豆色の、ぴかぴかと、上天気な朝日の光りを浴びて光る車のなかから、軍服に磨きたてられた長靴をはいた天皇が下りて来た。大きな勲章までつけていた。私が憲兵の眼をよけていた、なにかの工場跡であったらしいコンクリート塀のあたりから、二百メートルはなかったであろうと思われる距離。／私は瞬間に、身体が凍るような思いをした。／深川から帰る道に、私はもう頭を垂れて考え込んでいた。それは満州事変以来の、中学生の頃からつづいている日本の戦争と、その政治の中枢といったものについて私がまともに、自分のこととして考えた、その一等最初といったものであろうと思われる。召集をうけたときにも、そんなことは考えもしなかった。『臨時召集令状』なるものをうけとり、人を召集しておいて臨時とは何だ。生命をよこせと言って来ておいて、御名《ぎょめい》をサインもせず、御璽《ぎょじ》もおさぬ無礼さ加減をひとり憤慨したという程度のことであったのだ。／私が歩きながら、あるいは電車を乗りついで、うなだれて考えつづけていたことは、天皇自体についてではなかった。そうではなくて、廃墟《はいきょ》でこの奇怪な儀式のようなものが開始されたときに、あたりで焼け跡をほっくりかえしていた、まばらな人影がこそこそというふうに集って来て、それが集ってみると実は可成りな人数になり、それぞれがもっていた鳶口《とびぐち》や円匙《えんぴ》を前に置いて、しめった灰のなかに土下座をした、その人たちの口から出たことばについて、であった。早春の風が、何一つ遮《さえぎ》るものもない焼け跡を吹き抜けて行き、おそろしく寒くて私は身が凍える思いをした。心のなかもおそろしく寒かったのである。風は鉄の臭いとも灰の臭いとも、なんともつかぬ陰気な臭気を運んでいた。／私は方々に穴のあいたコンクリート塀の陰にしゃがんでいたのだが、これらの人々は本当に土下座をして、涙を流しながら、陛下、私たちの努力が足りませんでしたので、むざむざと焼いてしまいました、まことに申訳ない次第でございます、生命をささげまして、といったことを、口々に小声で呟《つぶや》いていたのだ。／私は本当におどろいてしまった。私はピカピカ光る小豆色の自動車と、ピカピカ光る長靴とをちらちらと眺めながら、こういうことになってしまった責任を、いったいどうしてとるものなのだろう、と考えていたのである。こいつらのぜーんぶを海のなかに放り込む方法はないものか、と考えていた。ところが責任は、原因を作った方にはなくて、結果を、つまりは焼かれてしまい、身内の多くを殺されてしまった者の方にあることになる！　そんな法外なことがどこにある！　こういう奇怪な逆転がどうしていったい起こり得るのか！／というのが私の考え込んでいたことの中軸であった。ただ一夜の空襲で十万人を超える死傷者を出しながら、それでいてなお生きる方のことを考えないで、死ぬことばかりを考え、死の方へのみ傾いて行こうとするとは、これはいったいどういうことなのか？　人は、生きている間はひたすらに生きるためのものなのであって、死ぬために生きているのではない。なぜいったい、死が生の中軸でなければならないようなふうに政治は事を運ぶのか？／とはいうものの、実は私自身の内部においても、天皇に生命のすべてをささげて生きる、その頃のことばでのいわゆる大義に生きることの、戦慄《せんりつ》をともなった、ある種のさわやかさというのもまた、同じく私自身の肉体のなかにあったのであって、この二つのものが私自身のなかで戦っていた。せめぎ合っていたのである。／その頃の私の〝判断〟というものの中軸には、どちらがデカダンスであって、どちらが健康な考え方というものであるか、という、そういう判断の仕方が巣喰っていた。そうして私には、やはり前者の方が人間として健康な判断というものである、というふうに思われた。」（傍線引用者）[1]。

一九四五年三月一八日の空襲の被害と、今回の被災をまったく同列で論ずることはできない。しかし、天皇の命令で戦争に動員され被害をこうむった臣民の、その天皇への〈謝罪〉という「奇怪な逆転」をしめす「奇怪な儀式」と、「被災してよかった」という感涙にむせぶ〈感謝〉の言葉の「逆転」は、まったく別の問題と考えるべきではあるまい。原因をつくった人間の責任を問うのではなくて、それに謝罪してしまうという逆転の構図は、今回の皇室と被災者の関係にも存在しているのだ。確かに天皇一族はクリーン・エネルギーの宣伝マンだった少なからぬタレントのようにマスコミで直接的に原発推進のプロパガンダを担ってきたわけではない。しかし、「平和利用」の美名の下に一貫して「国策」としてつくられ続けてきた原発、その「豊かな原発社会」をうみだしている戦後国家の象徴として天皇一族は、この原発社会を一貫して美化し正当化する「平和国家」のシンボルとして笑顔をふりまき続けてきたのだ。

今回の「人災」も東電（電力資本）とともに国の責任が問われてあたりまえである。だとすれば、その国の政治的象徴一族に会った時、こんな戦後国家を美化し、正当化し続けてきた、あなたたちは、どういうつもりなのだ、という問いを発する方が「人間として健康な判断」に支えられていると考えるべきなのではないのか。彼や彼女らには東電のクリーン・グリーン・エネルギーのCMに出つづけていたタレントたちの責任などと比較してもはるかに重たい政治的責任があるはずではないか。もちろん天皇一族は原発は「安全・安心」と直接に公言してきたわけではない、しかしアメリカの核安保体制（すなわち核密約と原発（プルトニウム）生産のセットの体制）を「安全・安心の平和国家日本」と内外に欺瞞的にアッピールし続けてきたではないか（そのことのために彼や彼女らは存在しているのだ)。

『産經新聞』(四月二八日)の瓦礫のかたまりに黙礼している天皇夫妻のカラー写真つきの一面の記事にはこうある。

「27日に両陛下が訪問された、宮城県南三陸町の歌津中学校体育館。いつものように両ひざを床につけ、一人一人に言葉をかけた両陛下が立ち去られる際、手を振る両陛下に『ありがとうございました』とあちこちから声が上がった。声は広がり、最後は大きな拍手となって両陛下を送った。/佐藤仁町長は『感激ですね。一人一人に声をかけることはなかなかできない。前に進まなければいけないと、自分も改めて感じた』として、こう付け加えた。/『被災者のああいう笑顔を見られたのははじめてです』/各地の避難所、被災地への『祈りの旅』を続けられている両陛下。災害のたびに国民の精神的支柱となってきた皇室の歴史や、側近らのエピソードを交え、その姿をお伝えしたい」。

この上中下の三日連続の記事のタイトルは「祈り　両陛下と東日本大震災」である。「上」の見出しは「両陛下、初の東北被災地ご訪問　『前に進む』勇気　お与えに」「お見舞い『一人でもおおくの人に』20年前雲仙『原点』」、「中」は「『自分で厳しく律する』国民に模範　自主停電」であり、「下」は「『真剣なお姿』人々の記憶に　手を握る」である。

一九四五年のヒロヒト天皇の時代と違っているのは、「感謝」という「奇怪な逆転」は、大々的にハデにマスコミに露出させられ「奇怪な儀式=マスコミイベント」としてつくりだされている点だ。

「上」は、こう書きだされている。

「3月11日午後2時46分。皇居がある東京都千代田区は震度5強を観測した。天皇、皇后両陛下は、宮殿にいらっしゃった。/陛下は揺れに驚きながらもすぐテレビをつけ状況を確認しながら、国民を心配された。被害が明らかになるにつれ、短時間業務を離れても支障がない災害の専門家らを人選し、皇居に呼んで話を聞かれてきた。／宮内庁によると、両陛下は当初から『一日も早く東北地方に入りたい』という意向を持たれていた。被災地に負担にならない時期を考えながら、3月30日に東京都内、今月8日に埼玉県加須市の避難所を訪問された。震災1ヶ月目の節目が過ぎた14日には、被災地では初めてとなる千葉県旭市へ。22日も茨城県北茨城市を見舞っており、27日の宮城県訪問で、5週連続で避難所や被災地に足を運ばれたことになる。／『震災、津波に遭った人たち、原発におびえる人たちを思いやり、頭がいっぱいになって、たいへん気が張っていらっしゃる。この国の人たちの幸せも不幸もわがこととして受け止めて実践していかれる姿が表われているいると思います』／宮内庁の羽毛田信吾長官は、ハイペースで被災地訪問を続けられている陛下の様子をこう説明している」（傍点引用者）

天皇夫妻の決意と覚悟がここでも強調されている。おそらく、この連載の〈3・11〉直下の天皇夫妻の動きのエピソードは羽家田信吾宮内庁長官のリークにもとづいてまとめられたものだろう。羽毛田は、マスコミに天皇夫妻の動きをかなり積極的にオープンにするという政治的な動きを担い続けているようだ。今回象徴天皇一族のパフォーマンスの政治的演出家の一人は、まちがいなく彼である。羽毛田は、被災者たちの不幸を「わがこととして受け止めている」天皇夫妻というイメージをマスコミに露出させるべく、これつとめている。

もう一人の演出家である侍従長の川島裕も被災者を心配する二人が、皇居に「帰宅難民」を受け入れ、「自主停電」を実施し、ビデオ・メッセージ（「お言葉」）を発したり、御用邸の施設や御料牧場の製品を被災者のために提供したりという具体的エピソードをちりばめた、慈悲深きご夫妻のイメージアップのための文章を『文藝春秋』五月号に早々と寄せている（タイトルは「天皇・皇后両陛下の祈り　災厄からの一週間」）。そこには、こういうくだりもある。

「ビデオは、午後四時半テレビ各局で一斉に放映されたが、放映に先立ち、アナウンサーは、依頼通り、緊急のニュースが入った場合には、ビデオ放送を中断して速報を流すようにという陛下の御意向を予めきちんと述べてくれていた。後になって、『陛下は、放射線被曝を恐れて、密かに東京を脱出したという噂が流されていたので、陛下がお元気に皇居におられることを確認出来、安心した』という反応が伝えられたと聞いて仰天した。陛下が、東京の人々を見捨てて、東京から出られるということなど、まったくあり得ないことであり、こうした事態における流言飛語の無責任さに憮然とした」（傍点引用者）。

ナニ言ってやがる。すべての被災者の不幸を「わがこととして受けとめ」る陛下などとミエミエの偽善的なホラを無責任にマスコミにたれ流すな。考えてもみよ、本当に親しい人間の死に出会えば人間はしばらくたちなおれないほど精神的にうちのめされる。百人も千人も、いや何万人もの死を「わがこととして受けと」めたら、とても生きてはいられまい。そんな人間は存在しない、それとも天皇はやはり人間ではないのかね。この手のホラを製造しつづけている宮内庁の人間には、絶対敬語を乱発される超特権的な身分の一族（絶対的に尊重されるのは自明とされている一族）が、国内にいくつも別荘（別宅）を持っており、海外脱出だっていつでも希望のままであるはずだ、そのお金持ちの一族が、人々の東京脱出が私の身のまわりで日常的話題になっている状況下に、「もうとっくに東京になんていないんじゃない、やつらは」と思われるのは、しごく当然。それは根拠のある「噂」であるということぐらい理解できないのか。

私もメンバーの「反天皇制運動連絡会」は三月一八日、宮内庁が定例記者会見で、その避難の噂を「答えるには及びません」とわざわざ否定してみせつつスタートした天皇らの避難所めぐりを受けて、「声明」を発した。その四月六日付の「声明」は以下のように結ばれている。

「多くの不幸を利用した、天皇の『御心配』パフォーマンス。そして、それを演出する行政やマスコミ。それは、多くの反対の声を押しつぶして国策としての原発エネルギー政策を推進し、この大人災をうみだした政府・自治体・東電・マスコミの歴史的責任を、隠蔽するためのものでしかありえない。／天皇一族は、勝手に避難していいから、せめて、こうした政治的パフォーマンスはもうやめてくれませんか」。

それは、これからつくりだされるであろう「奇怪な倒錯」にまきこまれることへのハッキリとした拒否宣言であり、「人間」天皇夫妻（一族）への抗議の態度表明であった。

3 「救国」のための「祈りの旅」とその覚悟

もちろん、そんな声は、まったく無視され、「奇怪な儀式」は大々的に展開され続けている。

「北茨城市の被災地域をご訪問される前、天皇陛下と美智子さまは、茨城県知事らと会食されている。／『その場で、陛下は放射能の〝風評被害〟を心配され、「きちんとした知識を持って行動してほしいですね」と、お話しになったのです。／また会食の弁当には、大津漁港で水揚げされたカレイ、ヒラメ、穴子などの魚料理が入っていました。／陛下は「コウナゴは入っていないのですか」とお尋ねになったそうですが、北茨城市のことを、いろいろ心配してくださっているのでしょうね』（地元四方記者）／前出の避難所の81歳女性・鈴木美恵子さんは、両陛下をお見送りした後、本誌記者にこう語った。／『私は今日、両陛下にお会いできて、元気をいただきました。本当にありがたいことですが、これから両陛下は東北へ行かれます。危ないことはないでしょうか？　私は心配です。／両陛下は本当に大変な仕事を背負っていらっしゃると思います……』／天皇陛下と美智子さまは、4月27日に宮城県、5月2日に岩手県、11日に福島県を、それぞれ日帰りで訪問される予定だという。／宮内庁担当記者はいう。／『両陛下は午前中に羽田空港で飛行機に乗られ、宮城県東松島市にある航空自衛隊松島基地にいらっしゃいます。／そこから自衛隊のヘリコプターに乗られ、被災地に向かわれます。／宮城県では仙台市と南三陸町などを訪問される予定です。』／東京や埼玉県の避難所に始まり、千葉県、茨城県、宮城県、岩手県、福島県と東日本大震災の被災地を巡る。両陛下の〝救国の旅〟は現在、のべ約3千キロにも及ぶ予定だ。／実は、この〝平成の巡行〟に、両陛下の周囲では危惧の声も上がっているという。／ある宮内庁関係者によれば、『天皇陛下は77歳、皇后陛下は76歳です。／〝いくら国民のためとはいえ、そんな強行行程で、お体に触ったらどうするのか〟と、いまの時期の巡行に反対する宮内庁幹部もいるのです。／確かに陛下は前立腺がんの治療も続けていらっしゃいますし、高血圧、骨粗しょう症などの問題も抱えていらっしゃいます。／〝余震も続いていますし、福島第一原発も落ち着いていない状況では危険です〟などと申し上げたそうですが、両陛下は断固として、東北の被災地お見舞いを決められたそうです』／天皇陛下と美智子さまが、いま始められる東北への〝祈りの旅〟。／そのお姿は、いまだに心身の傷にあえぐ人々を勇気づけることだろう――」（傍点引用者）。

『女性自身』（五月一〇日／一七日合併号）の「美智子さま（76）放射能に震える地元民と第一原発から69キロ〝被曝の海〟へ涙の黙礼！」のタイトルの記事である。サブタイトル風な見出しにはこうある。

「命をかけた『祈りの旅』3千キロ――〝コウナゴ汚染〟の北茨城市では、地元の魚をお食べになり……」。小見出しの文章はこうだ。「放射能に震える人々に勇気を」。「〝救国の旅〟はのべ3千キロにも」。命がけの、断固たる決意に支えられた、ありがたい被災地「巡行」(「祈りの旅」)というイメージが巧みに強調されている。「奇怪な逆転」は、こういうイメージ操作を媒介に、大々的に組織されているのである。

『女性セブン』(五月一二日/一九日合併号)の「特別企画」「皇后美智子さま(76)『祈りの旅』のすべて」に大きな文字でつけられている文章はこうだ。「『皇室は祈りでありたい』——嫁がれて以来、その思いを胸に刻んで天皇陛下を支えてこられた皇后・美智子さま。これまでも戦争の犠牲となった地、あるいは災害被災地を天皇陛下とともに多数巡られてきた。今回も、未曾有の震災に苦しむ人々へさまざまなお言葉をかけられた。『国と国民のために』と祈られながら……」。この記事の小見出しはこうだ。「スリッパも履かれず、ひざまづかれて」・「国民の苦しみを分かちあう心」・「天皇皇后ともあろうおかたが」・「笑顔が広がった『アルプス一万尺』」。これ以上に大きくクローズアップして書かれた文章は以下の二つ。「避難所では外国人被災者にも等しく優しい言葉をかけられた美智子さま——」。「震災で笑顔をなくした女性は美智子さまの微笑みと手の温もりによって笑顔を取り戻した」。

思いやりにあふれた情深い天皇夫妻。この「仁慈」のイメージが、これでもか、これでもかというふうに組織されつづけているのだ。大々的になされたテレビの報道も、これらの「女性週刊誌」のトーンとまったく同じものである。マスコミじかけの「奇怪な儀式」の持つ「逆転」のパワーは、かなり強力なものであろう。

「Xデー」がカウント・ダウンされだしていることに自覚的な「平成」天皇夫妻は、慈悲深い「全国民の恩人」というイメージをつくりだす、最後の最大のチャンスが来たと思い、文字通り命がけの決意をして「仁慈の天皇」ぶりを示す政治的パフォーマンスをくりひろげているのだ。政府・宮内庁・マスコミの全面的バックアップの下に。

4　タブーの存在

堀田善衞は、この「奇怪な逆転」の風景を小説の中でも描いている。

「記念碑」(2)には、こうある。

「風は焼跡の、灰の臭いとも鉄類の臭いとも、何とも云えぬ陰気な臭いをのせて吹き抜けた。土下座して涙を流し、わたくしたちの努力が足りませんでしたので、むざむざと焼いてしまいました。申訳のない次第でございます、生命をささげまして、などと口のなかで呟いている男がいた。邦子はびっくりした。彼女もいつか土下座していたが、そんなになにもかも、〝みんなあたしが悪いのよ〟というものなのかな、と思った。何か身体中が痛いような、痛烈な感じであった。／鹿野邦子にとって戦争とは、わが身にじかに襲われてみると、その正体は性と天皇に象徴されるようなものだった。二つともタブーになっているものだった」。

「みんなあたしが悪いのよ」という態度以外は許されない関係が、神聖天皇制のタブーによってかたちづくられていたことに、小説の中の「邦子」は自覚的であった。

そして、タブーは、今も持続しているのである。被災者は「みんなわたしたちはうれしいのよ」と「感謝感激」してみせる以外の表情を示すことは、マスコミ空間の中では許されていないのだ。警備の人間をゾロゾロひきつれて、恩きせがましい、迷惑な奴だと思った被災者が一人もいなかったわけがなかろう。しかし、そういう人間は、存在しないかのようにカットしてしまうタブーの力学がマスコミの中に存在していることはまちがいない。菅首相の被災者めぐりの政治的パフォーマンスは、現地の迷惑を考えない政権延命のためのハレンチなものだという声は、マスコミにも大きく露出したが、天皇一族のパフォーマンスに対する批判の声は、マスコミからは、まったくシャット・アウトされている。

「共同通信」の記者中嶋啓明は、三月三十日の天皇夫妻の東京武道館での被災者訪問について、こう論じている。

「例によってメディアは、こうした天皇一族のパフォーマンスを最大級の敬語と賛辞を持ってありがたがるのみ。／これらの言動が、きわめて政治的なパフォーマンスであることは、たとえば武道館での一連の経緯を見れば明らかだ。／東京都は、都の施設で避難住民受け入れを決めた三月十七日からの数日間、食事の提供などを申し出るボランティアらの活動を受け付けず、居場所の提供という『最低限』の対応しか取らなかった。聖公会のキリスト者らが、炊《た》き込みご飯のパックを配ろうと持ち込んだが、都は『食中毒の恐れ』を理由に受け付けを拒否。聖公会は、都が放置し続けた野宿者に対する生活支援で長年、こうした食事提供の活動に取りくんでいたにもかかわらずだ。抗議と交渉を重ねながら、二三日になってやっと聖公会に山谷《さんや》労働者福祉会館も加わった野外での炊き出しが、都の黙認の下、行なわれ、住民らに温かい食事が提供されるようになった。『山谷』のメンバーの一人は、当初の都の対応は、避難民らが国の避難指示区域外から退避してきた人たちだからではないかと疑っている。／これを境にさまざまなボランティアらによる相談活動も受け入れられるようになり、相次ぐボランティアの申し出に、都から対応を丸投げされた足立区が支援センターを立ち上げ、正式に受付を始めたのは二八日だ。／当初、場あたり的な対応に終始していた都が、明仁、美智子やそれにくっついてくるマスコミの来訪を前に体裁を整えていったのではと指摘するのは、先の『山谷』のメンバーだけではない。武道館の近隣住民もネット上のブログに同様の疑いを書いている。／労働者福祉会館が参加した炊き出しは、公安刑事が遠巻きに監視し、厳戒態勢の中で行われた。だが、こうした一連の経緯がメディアで暴露されることはない[3]」。

隠蔽されている〈タブー〉。本当は被害者のために天皇一族が行くのではなく、天皇一族の慈悲深さを示すために被災者が必要なのである。都・国・警察が一体となって、仁慈のパフォーマンスを演出しているのだ（被災地めぐりの時は自衛隊の協力もえて）。

もちろんタブーの暴力は秘めやかに、ふるわれ続けている。先にふれた「反天連」の声明が収められたニュースには、三月一一日の皇太子雅子の避難所訪問の時、路上から抗議の声をあげただけで逮捕された青年の抗議文が収められている[4]。こうした強権的な警備は、被災者を思う皇室というイメージをふりまくことが、どれだけ国家にとって重大な政治的事業であるかを示している。

このありがたい象徴天皇一族を中心にまとまる全国民というナショナリズムの煽動は、他方でテレビを中心とするマスコミが有名タレントやスポーツ選手をフル動員してこぞって流し続けている「ガンバローニッポン」の叫び、「ニッポン・ニッポン」の連呼による「復興ナショナリズム（強いニッポンへ向かって団結しようという）」煽動と対応している。復興の恩人「平成天皇」一族という物語の形成を通したこの空前の大震災の責任をキチンと問わないままの国家と社会の再建が構想され続いているのである。だいたい、大量の死者にかこまれて生きていた被災者たちに上から「ガンバレ！」とか「強く」とか呼びかけることの傲慢さ、無責任さはどうだ。もちろん、被災した日本列島住民は「ニッポン人」だけではないことも忘れるべきではあるまい。それは暖かい「共生」のメッセージにみせた、無礼な排外的メッセージであるにすぎない。さらにそれは、政府の棄民政策にかぶせたベールでもある。

脱原発社会しか、もはやありえないという思いを強めている人々の意思、拡大しつつあるこの当然の意識のひろがりを阻止し、責任を曖昧にし、国家（国策としての「原発」）の無責任を実感させなくさせるという「逆転」をつくりだすためのこの政治的パフォーマンスは、以下のような歴史的位置づけをすでにマスコミによってでも与えられている。

「天皇のこのような死者を悼み、艱難のなかにある国民を思い見舞う姿には先帝である昭和天皇の終戦後昭和二十一年二月から足掛け八年半、三万三千キロにも及ぶ全国巡行を想起させる。／昭和天皇の最初の訪問先は、空襲の被害のなかから復興した川崎市の昭和電工川崎工場であったが、これを皮切りに返還前の沖縄をのぞく四十六都道府県をくまなく回られ、天皇が直接声をかけられた人数は二万人に達したという。GHQは戦争責任を追及されるかも知れない天皇が国民の非難をあびるのではないかと思いこみ巡行を許可したといわれているが、現人神であった天皇自らが敗戦後の困難のうちにある国民に親しく接し、肉声で言葉をかけられたことは、計り知れない勇気と復興への希望を与えた」（富岡幸一郎「3万3000キロを回り2万人に声をかけられた昭和天皇のご心情は、いま今上天皇へ天皇『被災地巡行』の御心」『週刊ポスト』〈五月六日／一三日合併号〉）

もう一つ、朝日新聞社の皇室の語り部岩井克己の文章を紹介しよう。岩井はアキヒトのビデオメッセージは平成版の「玉音放送」であると評しつつ、こう語る。

「昭和天皇の終戦の『玉音放送』と『戦後地方巡行』を思わせる行動は、天皇として今回の大災害を『国難』ととらえられたことを物語る」。この文章のタイトルは「天皇ご夫妻が見せた『決意』と『象徴天皇』の形――平成版・玉音放送と『災後地方巡行』でわかる「お二人の総決算」（『週刊朝日』〈四月二九日号〉）。

「昭和天皇」に学びながら「平成天皇制」の「総決算」の決意をこめた政治的イベントとして被災者・被災地「巡行」が天皇夫妻によって、実行され、さらに実行されつつあることはまちがいない。

天皇制の演出家たちが、昭和天皇の「玉音放送」と地方「巡行」の歴史的アナロジーを動員して、平成天皇制を賛美するのであれば、私たちは、あの植民地支配と侵略戦争の最高責任者の一族が、GHQにガードされて、「玉音」――「人間宣言」そして「地方巡行」というプロセスで、自分たちの責任をどのように人々に考えなくさせていく「奇怪な逆転」をつくりだしたか。どのように「奇怪な儀式」を展開してきたのかをもあらためて具体的に検証してみるべきであろう。「昭和天皇」から「平成天皇」にまで連続する無責任国家（天皇）の〈伝統〉を抉り出す作業、〈仁慈の天皇〉の偽善性・虚偽性を具体的かつ歴史的に明らかにし続ける作業こそが、「平成」天皇の自分のXデーをにらんだ総決算の政治と対決する、私たち反天皇制運動の任務である。そして、この作業こそが、私たちが脱原発の大きなうねりと合流するための不可欠の通路なのだ(5)。

註

(1) 堀田善衞『方丈記私記』一九七一年に筑摩書房から刊行。

(2) 堀田善衞『記念碑』一九五五年、中央公論社から刊行。

(3) 中嶋啓明「天皇一家の政治を賛美するな」週刊『金曜日』二〇一一年四月二二日号。

(4)『反天皇制運動モンスター』16号、二〇一一年五月一〇日号。「声明」のタイトルは『御心配』パフォーマンスは、もうやめてくれませんか――『天皇夫妻』へ」であり、被逮捕者の文章のタイトルは「単パネ上等弾圧粉砕！」である。

（5）「即位二十年奉祝」イベント・キャンペーンの中心に浮上したのも〈天皇の祈り〉であった。この「人間天皇」の「祈り」の政治的意味については〇九年七月一八日の「反天連」の集まりの討論記録『「天皇の祈り」を問う、なに祈ってテンノー？』を参照。私は、この「祈り」というものが神の祈り（神権天皇）でも人間の非宗教的（政教分離規定に違反しない）「祈り」とも、どちらでも解釈可能な融通無碍なものである点に着目し、批判すべきだと主張している。

（『インパクション』一八〇号、二〇一一年六月二五日）

〈新しい災害援助隊・非軍事の防災体制づくり〉に向けて討論を開始しよう！
――反戦・反軍運動の自覚的課題として

今年の五月三日（憲法記念日）へむけた「市民意見広告」運動は例年どおり「9条・25条実現」をうちだすとともに、地震・津波・原発（事故）、放射能（死の灰）垂れ流しの持続という恐ろしい状況下との対応で、「ミサイルより復興支援を」をもう一つの大きな主張として打ち出して、実現した。全国紙は『朝日新聞』、被災地のことを考えて地方紙は『河北新報』（宮城県・岩手県の一部）と『福島民報』（福島県）の二紙に掲載。事務局の会議では、掲載直後の反応（FAXやメールでのメッセージ）が極端に少なかったことと、被災という不幸を政治的に利用して、私たちを助けて活躍した自衛隊を攻撃する意見広告は許せない、という自称・被災民からの強い抗議の声が複数まいこんできたことが話題になった。例年、「軍隊がなくて自分たちの命や生活が守れるか！」という批判の反応は少なくない。しかし、今年のは少し違っている。意見広告の文章は以下のとおりである。

「東日本大震災の被災地では、人びとが復興するため必死の努力を続けています。これを支援するためには、不要不急の予算を思い切って振り向けることが必要です。その最大のものは、年間4.8兆円にものぼる軍事予算です。／今回の災害援助で、自衛隊員は、消防庁・自治体職員・ボランティアの人びとと主に大きな役割を果たしました。しかし、自衛隊が持つジェット戦闘機、ミサイル、イージス艦などは災害援助の役に立ちません。自衛隊が日本に住む人々を守るために存在するならば、戦争のために使うこれら高価な武器や艦船の予算は、すべて被災地復興に使うべきではないでしょうか。／また、いまとりわけ不要で不適切な支出のひとつは、沖縄をはじめ各地にある米軍基地への『思いやり予算』です。被災地では多くの人が家を失い、仕事をなくしているのに、米軍基地の光熱費、ゴルフ場を含む施設費などに毎年1900億円も支払うのは、どう見てもおかしいではありませんか」。

自衛隊が援助活動したこと自体をまったく非難していないこの主張の、どこが自衛隊非難なのか。被災者ならこうした主張は、私たち以上に切実ではなかろうかと思っての「意見広告」へのこの反応はウンザリであった。しかし、こうした非難の裏には、被災地での軍隊の活動（米軍を含めての）に感謝している現地の少なからぬ人びとの気分があるのであろう。私たちのこの程度の主張ですら、そこではまったく浮き上がった政治主張となっているのかもしれない。今度の震災援助で、被災地のみならず（マスコミがクローズアップし続けたこともあり）自衛隊の人気が全国的に高まったことは、まちがいあるまい。この状況は、私たち反戦・反核・反基地運動を担い続けている運動にとって深刻である。越田清和は「『トモダチ作戦』とは何だったのか」（『インパクション』一八〇号、二〇一一年六月）で、自衛隊は約一〇万人、そして米軍は一万七〇〇〇人が動員されたという大規模な被災地の災害援助作戦（オバマ大統領の「支援は何でも」の声に押された米軍が「トモダチ作戦」とネーミング）を細かく分析し、このように述べている。

「米国の強い要請によって、四月四日までに米海兵隊の放射能等対処専門部隊（ＣＢＩＲＦ）一五〇名が横田基地に到着した。米国外への派遣は初めてだという。専門部隊と言っても、この部隊は横田基地内で自衛隊との合同訓練を行なうだけで、福島第一原発の事故処理には全く関わらなかった。四月九日に自衛隊の中央特殊武器防護隊との共同訓練を実施し、被災者の救出や除染、治療をする作業を公開した（『朝日新聞』二〇一一年四月一〇日）。米国がこの部隊の派遣を強く求めたのは、今後の原発事故や核テロに対応するために実地訓練をすること、米兵に除染の必要性が出たときに対応するため、そして『トモダチ作戦』と米軍のイメージアップのためだったのではないか」。

もちろん、それは沖縄の米軍基地へのねばり強い、巨大な怒りにあおられて日本中に拡大しつつあった反米軍（基地）ムードを抑えこむための、政治的イメージアップ作戦であったことはまちがいない。現地の役場と住民組織とは関係のない一方的な「支援」という、軍隊間の共同作戦であったにもかかわらず、自衛隊も、ともにイメージアップされたのである。

越田は、スマトラ大地震への米軍「災害救助」活動を通して、それが紛争地の「緊急支援」「人道支援」とドッキングすることが当たり前になってきている状況についても触れ、この米軍の軍事戦略として「災害援助」と対応しながら、自衛隊もそのように変化しだしていることに注目すべきだと強調しつつ、この文章をこんなふうに結んでいる。

「この『国家軍事戦略』が示すように、『トモダチ作戦』は米国の国益のための軍事作戦であり、同時に、自衛隊が海外で米国と一緒に『災害救援』作戦を行なうための訓練だったのである。／私（たち）は、大規模災害のたびに自衛隊が出動し、被災地の復旧作業を行なう姿を当たり前のように見てきた。東日本大震災でも、マス・メディアは、がれきの撤去作業や、行方不明者の捜索、遺体の収容などを行なう自衛隊員の姿、被災者が自衛隊に感謝する声を繰り返し伝える。繰り返しになるが、『トモダチ作戦』はこうした日本のマス・メディアを利用し、米軍のイメージアップを図ろうとした。私は、それが必ずしもうまくいったとは思っていない。それよりも自衛隊のイメージアップ効果の方が大きかったのではないか。『危機管理』には自衛隊を活用すべきである、という声がメディアでも当たり前のようになっている（『朝日新聞』二〇一一年五月七日の「耕論」など）。私にも武器を携えて海外に行くくらいなら、災害支援をしていた方がましだ、という気持ちがある。／こうした流れに対して、もういちど『軍隊は人道支援や災害支援をする組織ではなく、軍事組織である』という原則を打ち出す必要がある。いま私たちが直面する『危機』（大災害と巨大原発事故）に対応する組織は自衛隊ではない。／そのことをはっきりさせた上で、被災者が抱える多様な困難にきめこまかく対応できる専門性をもった新しい災害救援隊について、今こそまじめに論議する必要がある。民主主義という原則がない軍隊に『人道支援』『災害救援』をまかせ続けてはいけないのだ」（傍線筆者）。

私たちも越田同様、軍隊による「災害救援」「人道支援」は「防災の軍事化」（治安出動、軍事演習）の深化と拡大であると批判し続けてきた。たとえば、こんなふうに。

「災害援助（人命救助）は大切であり、そのための組織を拡大・強化することは重要な課題である。しかし、それは本当のところ、軍隊が担えるものではなく、軍隊に担わせてはいけないものなのである。／軍隊が市民社会の内側に浸透してくることは、軍隊の『民主化』などを意味しない。社会の軍事化という恐ろしい事態の進展を、そんなふうに取りちがえることは、派兵国家・社会を本格的につくりだそうとしている支配者の野望にまきこまれてしまうことにしかならない。／人間殺傷の専門集団については、少なくし、なくしていく努力をするしかないのだ」（傍線引用者、天野恵一『守ってあげたい』ってか？――災害対策の軍事化を許すな！」派兵チェック編集委員会編『石原都政下の「防災訓練」＝治安・軍事演習――それは誰の、何を守るのか⁉』二〇〇〇年）。

今、ここで論じたいのは、軍隊という「殺傷専門家集団」とレスキュー隊（人命救助隊）は、まったく別の性格を持っているということの確認をめぐる問題ではない。「被災者が抱える多様な困難にきめこまかく対応できる専門性をもった新しい災害救援隊」を、私たちがどのように構想するのかという問題である。

越田同様、私も今の状況下で、このことを切実に実感し続けているからである。

一九九五年一月一七日におきた「阪神・淡路大震災」の被災者であった小田実が、政・官・財・学の癒着したインチキ安全宣伝に基づく「防災」の結果にうみだされた、この大震災に全身の怒りをぶつけながら、そして実質的には奴らの「棄民」政策にすぎない「復興」プロセスに新たな怒りをさらにかりたてられながら書き綴った力作『被災の思想　難死の思想』（朝日新聞社、一九九六年）で、このように主張していた。

まず、国家（首相）の危機管理体制を強化せよ、というような声ばかりがマスコミに組織されている状況に対しては、「たとえば、『世界第二位』の軍事予算を必要としない今、現在、軍事費を半減してでも大震災の被災者を救済せよ、在日米軍への思いやり予算を一時的にせよ、救済にまわせ、政党の助成金についてもおなじことをやれ――というようなより基本的な主張に基づいたものは出なかった」。

今回は、少なからぬ反戦運動グループから、そうした声は上がっている。特に〈「思いやり」予算を救済にまわせ！〉という声は、沖縄の反戦反基地運動の流れの中から、すばやく力強く組織されている。

小田は、このようにも主張している。

「……災害時にヘリコプターがいるなら、いや、それはたしかに必要だが、自衛隊のヘリコプターに頼らないで、県や市が——一県一市が無理なら数県、数市が集まって自まえの災害救助用のヘリコプターをどうして準備してこなかったのかと県や市の責任を追求する人がだれひとりいなかったことだ。自衛隊のヘリコプターに頼るより自まえの災害救助用のヘリコプターを準備するほうが、小まわりがきいて機動力がある上に、これはもともと武装を必要としないヘリコプターなのだ。自衛隊のヘリコプターは、そもそもが武装を前提として準備されているヘリコプターなのだ。そのヘリコプター自体が武装されているかどうかは別として、ヘリコプターに乗る兵士、兵士が携行する武器弾薬があってはじめて意味をもつヘリコプターなのだから、ヘリコプター一機あたりの価格はその計算を入れてみれば、県、市が準備する『非軍事』の純粋に救難用のヘリコプターに比べてはるかに高くつく」。

「今回の阪神大震災であきらかになったのは、兵庫県も神戸市もその他の都市も、これは日本全国のたいていが同じことだが、自まえの救助の『制度』をほとんどつくりだしていなかったことだ。もちろん、警察、消防の小さな『レスキュー隊』はあったかもしれない。しかし、災害救助用のヘリコプターまでもった、あるいは、生き埋めに捜索用の犬まで備えた本格的災害救助隊はまったくつくっていなかった」。

「こうした救援『制度』の究極の原理は『殺すな』だ」。

小田は、日本の戦後憲法の「平和主義」の理念を実現していくためには、「殺すな」の原理にたった「非軍事的救助体制の形成」こそが必要だったはずだと、ここで力説している。

災害のために「自衛隊」に感謝する被災者が大量に出てくるような事態を変えていく努力が、この時点でもまったく欠落している事実に小田は焦り怒っている。小田は、ここで平和憲法の原点をふまえ、自衛隊に頼らない、「市民の非軍事の防災体制」をつくりだすことを呼びかけている。それこそが彼のいう「被災の思想」であったのだ。

今度の大「被災」体験は、彼のこの叫びの切実さを、一九九五年の体験の直下より、より多くの人びとが実感させているのではないだろうか。

もはやドンづまりである。しかし、今度こそ反戦・反基地運動を担う自分たちこそが、防災の「軍事化」への批判のみにとどまらず、〈非軍事防災体制・新しい災害救援隊〉づくりを呼びかける運動に踏み出すべきだという声が、広く響きだしている。災害列島日本に、それはどうしても必要だからだ。

私たちも、そのための討論を、やっと大きくうねりだした反（脱）原発の運動の動きの中でもまず広くつくりだしていきたい。〈脱軍備〉と〈脱原発〉は、私たちにとっては同時に追求しなければならない課題であるのだから。

（『ピープルズ・プラン』五四号、二〇一一年七月一日）

天皇ご一家〝総動員の夏〟

――「新しい意味」などありはしない

七月一〇日、私たちは「天皇の被災地『巡幸』――何やっテンノー!?」集会を持った。こんな小さな集まりにも右翼はやってきて、〈「何やってテンノー」などと不敬なことをいい陛下の「巡幸」を批判する国賊ハンテンレン粉砕〉などとわめき続けていた。

天皇一族の「被災地（者）めぐり」のパフォーマンスは、予想どおりさらに続けられている。七月二七日の『産経新聞』にはこうある。

「皇太子ご夫妻は26日、東日本大震災の被災者を見舞うため、福島県郡山市を日帰りで訪問された。震災で被害が大きかった東北3県にご夫妻が入られたのは、6月4日の宮城県に続いて2回目。県の仮設住宅316戸が集まる地域も訪問された」。

「ご夫妻はこれに先立ち、両町村などからの避難者が身を寄せる『ビッグパレットふくしま』もご訪問。避難者だけでなく、入り口付近に集まった人たちに対しても丁寧に言葉をかけられた。雅子さまが相手の手を握ったり、目に涙を浮かべたりされる場面もあった」。

この皇太子夫妻の福島入りの前日（二五日）に二人は御所に行っているらしい。『女性自身』（八月九日号）には、こうある。

「皇室ジャーナリストの松崎敏弥さんは、／『雅子さまが両陛下にお会いするのは約4ヶ月ぶりです。／震災から3週間後の4月2日に皇太子ご一家と秋篠宮ご一家が、それぞれ参内され、両陛下と、皇室として震災にどう対応すべきかについて話し合われましたが、それ以来のことになります。／雅子さまも被災地・福島へのご訪問を目前にして、進講を機に、美智子さまにご意見を伺いたいこともあったのだと思います。／また天皇陛下と美智子さまも、地震と津波に加え、原発の被害を受けている福島県をとりわけ心配されていますから、皇太子ご夫妻と、現地の状況について、語り合われるのではないでしょうか』」。

ありがたくも、天皇一族はこぞって被災地（者）を「御心配」してくださり続けている。こういうトーンのこの記事は、こう続いている。

「皇太子ご夫妻との〝宮中会議〟の翌26日から29日まで、両陛下は栃木県・那須で静養される。／名目こそ〝ご静養〟だが、26日に大震災で被害を受けた高根沢町の御料牧場をご視察、27日に那須の施設で生活している被災者をお見舞い、29日に地元農家をご視察……と、実質的には〝激励の旅〟の再開であるという」。

放射線量の高いホットスポットになっていることが話題の那須へは、病の美智子の「強いお気持ち」から、あえて二人は出かけたのだと伝えている。この記事の結びは、こうだ。

「福島で、那須で、原発問題にあえぐ国民を救うため、天皇ご一家〝総動員の夏〟はすでに始まっている——」（「美智子さま『原発災禍の国民を救いたい——』激励の旅再開に雅子さまと宮中会議」）。

『女性自身』の次号（八月一六日号）には郡山での皇太子夫妻の訪問が、以下のようにレポートされている。

「今回の郡山では雅子さまはお疲れも見せられず、渾身のお見舞いを続けられたのだ」。この「渾身のお見舞い」ぶりについては、タイトルと見出し（小見出しを含む）を引用しておこう（それだけで内容はわかるはずだ）。「福島市『原発&津波』被災者へ　愛の激励——35分現場秘話」「雅子さま娘を亡くした母、友との離別の小3男児へ……『胸裂く落涙』止まらぬ30分間！」「母として小3男児を励まされ」「50人もの人々と別れの握手を」。

このレポートの結びは、こうだ。

「皇太子ご夫妻は8月5日には、岩手県の大船渡市を慰問される予定だ。／真夏の2週間連続地方ご公務は、雅子さまにとって、大きな挑戦となる。しかし、郡山での被災者たちとの温かな交流が、雅子さまの大きな支えとなることだろう――」。天皇一族の決意をかためた「国民」のための〝激励の旅〟は、まだまだ続くというのだ。

象徴天皇制国家が「国策」としてつくり続けてきた原発。この原発製造責任をこそ問い続けようという、あたりまえの政治意志に、「ニッポン」の団結を呼びかけ、メクラマシをくらわせる、という高度な政治性をもったこの「激励パフォーマンス」。

この動き・「守旧派」の右翼の反発も「覚悟して皇族が被災者の中に入っている一連の行動」、それの「新しい意味」にこそ注目すべしと『創』(八月号)の「ニュースアイ」というコラム(「皇族の被災地訪問に様々なハプニング」)は主張している。

私は、天皇一族の被災地(者)めぐりに反対しているマスコミはもちろん、そのような右翼の意見に出っくわしたことなど一度もない。「日本の復興」への皇室の役割を評価しようという『創』の象徴天皇制の認識はなんと『朝日新聞』や『女性自身』と同じレベルではないのか。単なる「皇室の美談」づくりという点で同じだ。本当にガッカリだ。

(『反天皇制運動モンスター』一九号、二〇一一年八月九日)

9・11再稼働反対・脱原発!全国アクションへ

九州電力の「やらせメール」問題は、ついに経済産業省原子力安全・保安院自身の「やらせ」問題を浮上させた。七月三〇日の『朝日新聞』はこう伝えている。

「経産省は九電の『やらせメール』の問題を受け、過去5年、計35回の国主催の原子力関連シンポジウムについて、電力7社に調査を指示。29日に各社が報告した。海江田万里経産相は、記者会見で『極めて深刻な事態。徹底解明したい』と述べ、第三者委員会による調査を指示した。8月末までに結果を出す方針だ。／保安院がやらせを指示したのは、2006年6月に四電伊方原発のある愛媛県伊方町、07年8月に中部電浜岡原発のある静岡県御前崎市であったシンポジウム。使用済み核燃料をリサイクルして使う『プルサーマル発電』の是非をめぐる重要な説明会だった。／四電によると、保安院から『多くの参加者を募り、質問や意見が多く出るように』と要請され、四電や関連会社の社員ら計394人に参加を依頼。地元住民ら29人には、例文を示しながら発言を頼んだ。／四電は来場者の半数程度の約300人を動員。住民らが『プルサーマルを導入してもガスの発生などウランと変わらないと聞いてちょっと安心した』など、例文に沿って発言をした」。

監視役であったはずの経産省「安全・保安院」が原発推進のための世論誘導のための「やらせ」にのりだしていた。「官民一体化」したハレンチな体制が具体的にあきらかになったわけである。

八月三日の『日刊ゲンダイ』はこう語っている。

「奇怪千万だ。何を今さら大騒ぎしているのか。原子力安全・保安院の『やらせ要請』のことだ。政府主催のシンポジウムに電力会社の社員を動員、原発推進派の意見をカサ上げし、反原発派の声を潰してきた。ヒドイ話だが、保安院なんて『原子力の危険隠し』が目的の組織なのは、与野党政治家もマスコミも承知の上だったはずだ。／保安院は経産省の一機関だ。原発を推進する資源エネルギー庁の下部組織に過ぎない。原発を規制する保安院と、エネ庁が同じ組織にいるのは、泥棒と警察が同居しているようなものだ。ハナから厳正な監督なんてデキっこない。だからこそ、規制機関が世論工作までして原発の安全性を強調するデタラメがまかり通るのである」。

巨額の原発マネーに支配されてしまっている政治家・官僚・マスコミの責任を激しく追及している、この記事に共感しながらも、経産省（エネルギー庁）が原発推進であること自体の問題を問わない点が、マスコミの論調と同じであることが気になった。

民間電力会社の原発づくりを認可している政府・経産省が原発推進機関であること（国策として原発づくりをすること）自体がおかしい。このことにこそ私たちの怒りは向けられるべきではないのか。

定期点検後の原発再稼働へ向けて「ストレステスト（耐性評価）」が実施されることになったが、このテストの主体も経産省「安全・保安院」である。バカバカしい話ではないか。このテストも再稼働のステップとして準備されているにすぎないことは明白である。

この間の事態は、経産省「安全・保安院」だけの問題ではなく、そこをチェックする機関であるはずの内閣府の「原子力安全委員会」のデタラメさをも改めて露呈させているのである。ことここにいたれば、「認可」の妥当性の根拠が全面的に崩壊しているのである。

私たちは「福島原発事故緊急会議」の中での九月一一日の全国原発現地各地と連帯する「再稼働反対全国アクション行動」を起こすための討論をふまえ、「9・11再稼働反対・脱原発！全国アクション」の開かれた実行委員会づくりへ向かっている。こんなデタラメな再稼働を許してはいけない！

9・11に、経産省を一万人の人間の鎖で包囲する行動への積極的参加を！

（『反改憲通信』第七期第五号、二〇一一年八月一〇日）

野田政権の政治的性格
――「被爆大国」化の促進を許すな！

今年も私たちの八月一五日の反靖国行動は、右翼の暴力的介入やらせ放題の警察の、メチャクチャなハードな規制のため大荒れであった。そして、ついにナイフが路上に転がる事態まで現出した（右翼が持ちこんだと思われるそれは公安刑事にひろわれ、サッサと持ち去られてしまったが）。天皇主義右翼暴力がのさばる時代の色彩は、民主党政権になってもかげることなく、逆にグンと強くなってきたのだ。

そうした状況下で、民主党（三人目）野田佳彦政権が成立した。野田政権について、神道（伝統＝天皇主義）右翼の機関紙『神社新報』（九月一二日号）の「論説」は、こう主張している。

「野田新首相は、自ら『保守政治家』であることを自覚してゐる。ここに同じ民主党でも菅・仙石・枝野らといった、反体制的な思想をもった政治家とは全く異なる」。

菅政権が「反体制」だとはお笑いだが、それはここでの「保守」は右翼天皇主義と読め、ということである。

「自衛官の父を持つ家庭に育っただけに、国の安全保障と自衛隊の役割については至って健全な思想を堅持してゐる。自衛隊を憲法の中できちっと位置づける必要を説くとともに、集団的自衛権の行使も当然のこととして認めてゐる」（傍点引用者）。

「健全」とは平和憲法破壊の軍拡・ＰＫＯ派兵拡大路線ということだ（すでに南スーダン派兵に着

手しだしている)。もちろんそれは米国のいいなりになって沖縄の反基地の声を力と金で押さえ続けるという路線でもある。

「靖国神社のいわゆる『A級戦犯』を否定し、国連至上主義外交も排すべきと主張する」。これは侵略戦争であった「大東亜戦争」を肯定しかつての被侵略・被植民国国民衆の抗議など無視して、靖国参拝を目指す世界観=歴史認識の持ち主だということだ。さらにいえば拡大している民間右翼のつくった「教科書」の採用は裏でバックアップして恥ないタイプの男であるということだ。

もちろん首相として靖国参拝してみせることはできまい。そういう意味では、かつての自民党安倍政権同様、参拝できない「靖国派」であろうが。

「これから天皇陛下の『おことば』を戴し、君民一致してこの平成の重大危機を乗り切っていかねばならない。そのためには、国民の生活や経済も、国政の運営や憲法をはじめとする国家の諸制度も、政府と国民の英智を結集して大胆に改め、大胆に転換していくしかない」。

これは天皇制強化へ向けた改憲政権であることが期待できる内閣だと、喜んでいると読むべきだろう(しかし明文改憲を具体的に政策としてかかげるゆとりは、とりあえずこの政権にはないであろうが)。

『文藝春秋』(九月号)の野田の「わが政権構想——今こそ『中庸』の政治を」の方に移ろう。

「東日本に加え、関西電力など西日本地域も不足しています。現在稼働している原発は来年四月までには、すべての原発が再稼働しない、電力の『予備率』(ピーク需要と供給能力の割合=供給余力)はさらに悪化します」。

「政府には電力を安定的に供給する体制をつくる義務があります。厳しい現実を直視すれば、安全性を徹底的に検証した原発については、当面は再稼働に向けて努力するのが最善の策ではないでしょうか」。

これは、足りているエネルギーが「不足」だというデマゴギーを動員して、「安全性」をキチンと検証することもせず、原発再稼働（原発推進）へ向かう内閣であると、読むべきだろう。

「日本の原発の輸出について、否定的な見方も出ています。しかし、私は短兵急に原発輸出を止めるべきでないと考えます。日本は唯一の被爆国として原子力の平和利用の技術を蓄積してきました。ベトナム、トルコといった各国は日本の技術と国柄を信用して、原発導入の相手先として選んでくれたのです」（傍点引用者）。「平和利用」というベールをかぶせあの放射能たれ流しの人殺し原発を平然と輸出しようというトンデモナイ「国柄」の首相だと、いう意味だろう。野田は、ここで「新成長戦略」を強調し、企業のパワーアップによるグローバル経済への対応の重要さを説いている。これは財界（多国籍企業中心）のいいなりの政権であることの宣言だ。

これがこの政権の支配的性質である。

今、なによりも許せないのは〈3・11〉以後露出してきた「被爆大国ニッポン」の実態に、広島・長崎・ビキニの悲惨きわまりない体験を持つ日本列島でそれを加速してきたデマゴギー「核の平和利用」というキャンペーン、これをテコに、ひらきなおり続けていることである。

人びとの命より企業のお金という自民党政権がつくりだした棄民国家の伝統に少しでも批判的に立ち向かうどころか、事ここにいたってもその伝統をより強化し抜こうとしていることである。

これ以上の「被爆大国化」は本当にゴメンだ！

（『反天皇制運動モンスター』二一号、二〇一一年一〇月一一日）

「3・11以後」の「レスキュー」・「防災」の論じ方

――〈原点〉としての九条「(絶対)平和主義」をふまえて

〈3・11〉直後に、私は小田実の『被災の思想・難死の思想』(朝日新聞社、一九九六年)を倒れた棚の下に山積みになった本の中から探し出して、初めて読んでみた。この一九九五年一月一七日火曜日未明(午前五時四六分)の「阪神」地帯を中心のあの大地震の時の状況から書き出されている本に、私はグングン引き込まれ、強い共感を持って一気に読み終えた。私は小田のいい読者ではない。この「べ平連」イデオローグであった彼の仕事を愛読書として追いかけて読んできた、などということは全くなかった。それでも、何冊かは読んでこなかったわけではないし、「散華」の思想(死)に、大阪大空襲の下を、黒焦げの死体の中を逃げまわった自分の「難死」の思想(体験)をこそ対置した、彼のユニークな思想(これが小田の「平和」論のベースにあるもの)を知らなかったわけではない。

しかし、この怒りをあらわにし、ストレートにこの「開発」の「人災」を生み出した御用学者・マスコミ・資本(主に「土建」)そして行政(政府)への具体的批判をぶつけ続け。「復興」というかけ声とともに始まった、まったく反省のない新たな「開発」政策と、それと表裏一体で対応する、被災者の切り捨てでしかない「棄民」政策、この現在進行する事態を追いかけながら、鋭く批判的に切りこみ続ける言葉。小田はその過程で、「開発」の戦後(社会)史をトータルに批判する必要をこそ突き出し、いろいろなテーマで問われている運動の中にも、この震災が露出させた大問題を組み込み考えるべきだと主張し、それができていない多様な「市民運動」へのいらだちも隠そうとしていない。

私は一九九五年、一人の被災者として小田が発した切実なアピールに、自分の担っている運動の忙しさにかまけて、かつてキチンと受け止めようとしなかったことを思い、恥じた。と同時に、小田の言葉は〈3・11〉以後進行する事態にそのまま重なって響き、その進行する事態に対する私の「怒り」と共振し続けたのである。私は、こんなふうに小田の著作一冊まるごと強く共感し続けて読み終る、などということを体験しようとは思ってもみなかった。自分でも驚いてしまったのだ。

もちろん、「原発」が放射能をたれ流し続けているいま、いつ終るのかがわからない現在にまで続いている恐ろしい事態は、一九九五年の小田を被災者にした事態にはなかった。その点は、現状の方がはるかに過酷であるとはいえよう。しかし、基本的に問題にすべきことは、この本ですべて提起されている。そう考えることができる。「難死」と「被災」体験を、そして「市民運動」の戦後をこそ生き抜いた小田ならではの力作である。

私は、読み終わりこう思った。ひどく遅れてしまったが、ここの小田のアピール（提言）をこそ、〈3・11〉以後の運動の中でキチンと受けとめよう、そう決意した。

自衛隊史上空前のスピーディーで大規模な災害派遣――本誌前々号（『市民の意見30』一二七号、八月一日発行）の前田哲男のいう「三自衛隊初の10万人体制」その「100日余わたる編成」（『必殺』でなく『必救』の組織へ」）の結果、うみだされた被災者の感謝の言葉がマスコミにあふれ、軍隊の日本社会の中での市民権がより強固になるという、私たち反軍・反安保運動を担ってきた運動にとって、ピンチな状況がより深化・拡大してきていることを、ヒシヒシと実感せざるを得なくなった状況を前にし、私は、以下のごとき小田の言葉をあらためて想起した。

「すべてのことは原点に立ち戻って考えるべきときに来ているように見える。自衛隊は、たとえ、それがどのような目的によるものであろうと、戦争をするためにつくられた軍事組織、軍事集団であって、そもそも救助・救援のためにつくられた救援組織・救援集団ではない。救助、救援はそのこと自体を目的とした『制度』、さらには『空気』を入れての態勢をつくり出してのことだ。そのためにも労力も金もかける——これが『防災』の原点だ。そして、救助、救援の原点はまず人間のいのちと生活の安全の確保、そこから考えるのが『防災』都市計画の原点。原点は高層、超高層の建物の建築、高速道路の建設、そして人工島の空港の造成などにあるのではない／ことのふり幅をもうすこし押し広げて言えば、『平和憲法』の原点は『(絶対)平和主義』、その具現としての『第九条』。そこでの原点はいかなる軍事組織、軍事集団ももたないことだ。その原点を否定しては、もはや、『平和憲法』は、『平和憲法』ではない。災害時に自衛隊に頼ることはその原点を離れることだろう。逆に、自衛隊に頼らない、『市民の防災』態勢を被災の体験、『被災の思想』に基づいてつくりだすことは、その原点にしっかりと立つことだ」(傍線引用者)。

私は災害時に自衛隊に頼らざるをえない不幸な事態から、一日でも早く脱出しなければ、の思いのこもった、小田のメッセージをふまえて、今度こそ、住民の「命と安全」をベースにした住民が主体の「被災の思想」の実現としての、救助・防災組織に向けた積極的な論議を「平和運動」の諸グループが起こしていくべきだと思いたち、背伸びは承知で「〈新しい災害救助隊・非軍事の防災体制づくり〉に向けて討論を開始しよう——反戦・反軍運動の自覚的課題として」(『季刊ピープルズ・プラン』五四号)を書いた。

論議はすでに始まっている。本誌前号(一二八号一〇月一日発行)の「自衛隊を災害救助隊へ」で非核市民運動・ヨコスカの新倉裕史は、自衛隊を災害救助隊へシフトさせる運動の必要を力説している。

「自衛隊が九条に帰る道→災害救助隊」へというコースへの運動なくして、ただ「出動」を批判する運動では人びとの「信頼」は得られないだろうと論じている。また、先に触れた前々号の論文で前田は『9条堅持至上』から脱した自衛隊活用策――『最初の72時間』に即応したハイパーレスキュー能力を部隊編成・装備・訓練の面に反映させた組織への改編――が考えられなければならない」と新倉らと同じ方向の主張を展開している。また、さすがに軍事問題一筋の専門家前田ならではの自由闊達な筆のはこびで自衛隊の歴史をその実態と運用（法制度とその解釈をも含めて）をあれこれの実例をちりばめて平明に論じた『自衛隊のジレンマ――3・11震災後の分水嶺』（現代書館）のラストで、その構想はより具体的に示されている。

残念ながら、私はこういう方向（プラン）に賛成することはできない。

それは小田のいう〈原点〉から離れてしまう方向であるから。おそらく、このピンチの状況をうまく逆手に取ってチャンスにつくりかえようという気持が、こういう方向の提案を生み出すのであろうが、この軍隊の中のレスキュー隊を強化していこうという動きは、今までつみあげてきた災害派遣の経験をよりふまえ、軍隊のままで災害派遣の体制を強化していこうという、海外派兵も日常化しだしている現在の自衛隊そのもの（「防災」の「治安」化・「軍事」化の強化）の動きに、飲み込まれてしまうものにすぎないと思われるからである。「救命」の組織を「必殺」の組織の内部に作ることは不可能だ。それは「必殺」の外に、どんなに困難でも国家の軍人が主役でなく、地域住民自身が主役になり、「九条」に「空気」をいれなおす方向でしか、作り出しようがないもののはずだからである。

（『市民の意見30』一二九号、二〇一一年一二月一日）

〈11・11〉経産省包囲「人間の鎖」1300人で実現！
——さらに〈12・11〉再稼働反対アクションへ！

あの〈3・11〉から八か月目の〈11・11〉。ウソと「やらせ」を駆使して原発は「安全」という神話を、巨額の金をテコにマスメディアにふりまきながらつくりあげてきた東京電力、それを政策的にバックアップし続けてきた経済産業省と原子力安全・保安院。この東電福島第一原発事故を引き起こした最大の責任官庁をターゲットにした抗議行動を、私たちは展開した。事故はまったく収束せず、放射能汚染はさらに拡大し続け、今なお被災地福島を中心に子ども大人老人を問わず、すべての人々が被曝を強いられ続けている状況下で、野田政権——経産省は、ハレンチにも原発の再稼働に向かって動き出している。事故原因の具体的解明は、まったく果たされておらず、かつての安全指針はすべて失効してしまったものでしかないことは、だれでも承知している（改訂準備中と自分たちが公言している）にもかかわらず、すなわち原発の安全を保証するものなど何もないにもかかわらず、電力会社と経産省・保安院は、単なるコンピュータシュミレーションである「ストレステスト」という、アリバイテストを行うことで、再稼働するというのだ。

こんな暴挙を許してはいけない。わたしたちは「全五四基中、現在稼働中の原発はわずか一〇基にすぎない、『原発なしで大丈夫』な日本はすぐそこまで来ている」、「原発なしで電気は足りることはデータが示している」との声をあげた。経産省・原子力安全・保安院を「危険のかたまり原発の海外輸出などとフザケルな」の声で包囲する「人間の鎖」行動をつくりだした。正直、平日の夕方の行動である。あげくに朝から雨、包囲行動の前にビラまき情宣に動いた私たちは、包囲のために必要な一〇〇〇人の人間が本当に結集できるか、少々不安であった。しかし、このキャンドル（チョウチンも登場した）包囲行動は、なんと一三〇〇人の人々によって力強くつくりだされたのである。二時間近い抗議行動は貫徹されたのだ。

九月一一日に実現した私たちの最初の行動「人間の鎖」の最中に経産省本館前に建てられた、反原発テントはこの日もフルに機能した。ここを拠点に一〇月二七日から二九日までは「原発いらない福島の女たち」が結集、テントはもう一つ建てられ、九月三〇日から一一月五日までは「原発はいらない全国の女たち」の座り込みにバトンタッチして行動は持続された。右翼のいやがらせをハネのけて持続しているこの行動に合流していた私たちは、さらに拡大するこうした抗議の流れの中に、〈11日〉を再稼働反対の抗議行動と位置づけ、それを力強く実現したのだ。私たちの再稼働反対活動の次の大きなステップは〈12・11〉である。反原発テントをさらに連続的に活用しつつ、できるだけ大きなデモンストレーションを経産省にぶつけていく準備に向かっている。

再稼働反対のさらなる大きなうねりを！〈11・11〉の成果をふまえ、〈12・11〉アクションへ！

（『反改憲通信』第七期第一二号、二〇一一年一一月一六日）

天皇（夫妻）・秋篠宮（夫妻）VS皇太子（夫妻）の再浮上
――「平成」Xデーへのファイナル・カウントダウンはじまる

一一月一一日の、雨の中の平日での原発再稼働反対の声で経済産業省を包囲する「人間の鎖」アクションは、主催者の私たちの予想を超える一三〇〇人もの人々が結集で成功した。私たち（この場合は「福島原発事故緊急会議」に結集し、そこをも主体にした「再稼働反対！　全国アクション実行委」に参加している「反天連」の私たち）は、一二月一一日の再稼働反対のための電力会社・経産省包囲のデモという「全国アクション」の実現に向けて、さらに動きだしている。

この闘いは、ヨルダン・ベトナム・韓国・ロシアへの「原発輸出」の着手（原子力協定の国会承認への動き）にも明瞭に示されるように、自民党ゆずりの原発推進の基本姿勢をより強固に再構築していこうという野田民主党政権と正面から対決し抜く闘いである。それは当面全力を傾注しなければならない課題である。

この激動の反原発運動のうねりの中を疾走しながら、とても気になることがある。この間、またもやマスコミに大量に流され続けている「皇室情報」の問題である。一一月二二日の秋篠宮夫妻の記者会見の発言を受けて、その量はさらに拡大しだしている。それは、まちがいなく「平成天皇」のXデーをにらんだファイナル・カウントダウンの始まりといえる政治的性格をもちだしているのだ（もちろん、それがどれほど長いファイナル・カウントダウンになるのかは誰もわからないが）。

この情報の政治的性格を、いま、キチンと読みぬいておくこと、これが今回の課題である。

まず、一一月二二日の会見をめぐるマスコミ情報を具体的に検証することから始めよう（その上で、そこまでの情報の流れから読める基本構造をハッキリさせておこう）。

『週刊文春』（一二月八日号）の写真ページは「退院からわずか5日後」（二一日）に「東日本大震災消防殉職者等全国慰霊祭」に出席した天皇が皇后の手を取ってエスコートしているもの。その写真にはこういう文章がそえられている。

「天皇の名代・皇太子は、十三日に山梨に向かうお召し列車で、外の様子をカメラで撮影して波紋を呼んだばかり、両陛下は沿線の国民に手を振り続けることを墨守している。／病み上がりを押してでも、陛下はあるべき姿をお示しになられたのだろうか。しかし年末年始はご公務が相次ぐ。くれぐれもご自愛のほどをと、お祈り申し上げたい」（傍点引用者）。

これは一ページ写真、次の二ページ写真は、こういうタイトルがついている。「天皇陛下のお見舞いはキャンセル……マスク姿の雅子さま、愛子さまの学習院初等科祭りに2日間の皆勤賞」。SPにかこまれたマスク姿の雅子と愛子が写されているこの写真には、こういうコメントがある。

「帰宅時、学校の門から車まで歩かれるお二人の周囲を、険しい目つきのSPが厳重に警護にあたる。その人数、その張りつめたムード……並々ならぬ警備網だが、学習院の保護者や同級生にとってはこれが異常であるに違いない」。

「天皇陛下のお見舞いすらままならぬ病身にあって、全身全霊をかけて愛子さまの一挙手一投足を見守られる雅子さま」（二つとも傍点引用者）。

この写真と文章が、この間の皇室情報の支配的性格をクッキリと示している。皇太子と雅子（特に雅子の愛子依存病と、その結果の公務欠席〈天皇の病気見舞いも「公務」〉）をバッシングし、雅子に引きずりまわされ、マイホーム主義になり国家人としての自分を見失ってしまっていると皇太子の姿をなげいてみせる。

雅子には、愛子の学友の保護者の「もう、いいかげんにしろ」の声、あるいは記者の「税金ドロボー」発言までが大きく記事にされ続けている。本文の特集記事のタイトルは「秋篠宮衝撃発言　皇太子雅子さま『孤絶』の全深層」である。

そこでは秋篠宮の記者会見「天皇に定年制」をという発言は、天皇を気づかう弟の、いったい兄は

「平成皇室」を継げるのかという苦言の気持ちがこもったものだと分析している。そこには天皇夫妻・秋篠宮夫妻VS皇太子夫妻という対立図式が、あらためてクッキリと浮かび上がってくる。女性週刊誌を含めて、次の天皇には秋篠宮の方がふさわしいのでは、その次の天皇の父なのだからという裏の声が読める記事がふえている。それは「平成」の次の天皇をどうする、皇室典範をどう変えるかというすこぶる政治的な論議なのである。私たちは、この論議の土俵自体を蹴っ飛ばす、どういう具体的言葉を発していくのか。そのことの論議をいそいで開始しなくてはなるまい。反原発運動を走りながら。

(『反天皇制運動モンスター』二三号、二〇一一年一二月六日)

自民党のやり残した悪政をすべて実現しようという民主党・野田政権との対決を!

一一月二八日の防衛省沖縄防衛局長・田中聡による環境アセスメント評価書提出時期をめぐる「これから犯す前に、犯しますといいますか」発言は、防衛省はもちろん、自民党を受け継いだ野田民主党政権のホンネを露呈させた言葉であった。本人が更迭され、「不適切な暴言」という非難がマスコミにも飛び交っているが、それでも年内のアセス評価書提出(それは、名護への新しい米軍基地建設づくりのためのセレモニー)への正面からの批判の言葉はほとんどない。批判されるべきは、この無神経でハレンチこの上ない「暴言」だけではなく、沖縄への米軍基地の押しつけ政策そのものでなければなるまい。

野田政権は、少しだけ「脱原発」へ向かう姿勢を示してみせた菅前政権とは違って、ハッキリした原発推進政権である（この点も自民党ゆずりだ）。それは、進行中の大事故（放射能垂れ流し）を前に、これから新たに原発をつくることはできないが、すでに着手していたものについては、ストップという姿勢ではないし、「再稼働」へ向けては、「脱原発」へ高まる「世論」への目くらましの「ストレステスト」というインチキテストを前提に、具体的に動き出しているのだ。私たちは、「福島原発事故緊急会議」の多くの仲間とともに、「11・11〜12・11実行委」をつくり、再稼働反対の対経産省行動等をつみあげてきている。この闘いを通して、被災地の人々との連帯も具体的につくり出されつつあり、この「再稼働」阻止へ向けて原発立地各地の人々と結んだ運動の持続は、私たちが当面のエネルギーを傾注すべき最大の課題である。

また、野田政権は、ヨルダン、ベトナム、韓国、ロシア四カ国との原子力協定の国会承認の動きをも加速し出している。原発輸出である。事故原因も損害賠償体制も不明のまま、この放射性廃棄物の塊を輸出し続けようというのだ（これも自民党路線そのもの）。

こういう野田政権のバックボーンは、アメリカの対中国包囲をめざす覇権戦略である。沖縄・名護への新米軍基地づくりを改めて急ぐのも、原発輸出を急ぐのも、このグローバルなアメリカの覇権戦略に組み込まれ、依存することで、新成長戦略を展開しようという野望の表れである。この点は、庶民の日常生活をさらに破壊し、多国籍企業の利害をひたすら追求しようというTPP（環太平洋パートナーシップ協定）参加に向けた野田政権の動きにもハッキリと読みとれよう。アジア太平洋を軍事戦略の最重要地帯とすると明言しだしているオバマ大統領の戦略とそれは対応するものである（「日米同盟の深化」—！）。この間の「東アジアサミット」で、対中国軍事包囲戦略をより公然化し出したアメリカへのより積極的な加担を示す野田政権の姿勢は、アメリカの要請をうけてのTPP参加が単に経済問題だけでないことを露骨に示しているのだ（自衛隊の南西諸島配備を見よ！）。

またこの民主党政権は、長くストップしていた衆院憲法審査会での実質審議をスタートさせてしまった（そこでは自民党の右翼議員たちがこぞって、緊急事態対応に備えるために、基本的人権などを無視した国家による統制・規制を可能にする方向へ改憲せよ、と吠え出している）。

さらに、南スーダンへの自衛隊ＰＫＯ派兵。これは自衛隊の「武器使用基準」をよりフリーハンドにする方向への画策でもある点に端的に示されるように、アメリカの「対テロ」戦略を補完する方向への自衛隊のさらなる再編の動きでもある。

この自民党のやり残した悪政をすべて現実のものにしようとしている野田政権下に多くの課題がうごめいている。私たちは、原発再稼働反対の運動を走りながら、さらに、南スーダンＰＫＯ派兵反対の全国の声を防衛省に叩きつける行動、軍隊ではない防災組織をどうつくるかの開かれた議論の場づくり、原発と原爆と安保体制の内在的な関連を問う討論集会づくり——この三つの相互に関連する具体的課題に向けて動き出している。積極的な参加・協力を！


（「反安保実ＮＥＷＳ」三一号、二〇一一年一二月八日）

〈３・11〉災後一年の状況下で宣言された〈廃太子〉行動のゆくえ

あの三月一一日から一年という時間に向かって政府は、天皇出席の追悼と復興へ向けたナショナリズム・イベントを準備しだしている。四月中には、すべての原発がストップするという状況下、なにがなんでも再稼働をさせない状況をつくりだそうと動きまわっている私たちは、被災した死者たちを追悼しようという日に、反原発のデモなどというのは許されない、などといったイヤーなムードが、じわじわとつくりだされていることを日々実感している。象徴天皇制国家と電力資本がつくりだした死者たち、その人々たちを天皇が、国家が追悼してみせるという儀式は、今日まで、なんの責任を取ろうともしない象徴天皇制国家の支配者たち（ボス政治家・官僚たち）の無責任（誰一人、そのポストからおりることとすらしていない！）を隠蔽するための政治的セレモニーであるにすぎない。被災者に対しては責任を取り、キチンと補償することが、まずなによりも彼らには必要である。戦争の主体であった国家が戦後、その植民地支配や侵略（それに民衆を動員）した責任をキチンと取らずに、その戦争の最高責任者であった天皇ヒロヒト参加の追悼式典（八・一五）をくり返すその無責任国家日本のセレモニーの政治と同じロジックがそこを支配している。それは、もっとわかりやすくいえば〈靖国イデオロギー〉である。

〈戦争責任〉をキチンと取らずにきた象徴天皇制国家が〈原発責任〉をも取らずに突き進むための死者のあるいは被災者（たち）の政治的活用だ。私たちは、〈脱原発＝脱天皇制〉の立場から、ハッキリと正面からこの式典そのものに批判の声をあげていかなければなるまい。

さて、マスコミでにぎやかにくりひろげられている「女性宮家」創出へむけた論議である。ついに、この問題にあの西尾幹二が発言しだした。『WILL』（三月号）の「天皇陛下に『御聖断』を！　女性宮家創設と雅子妃問題の核心」である。一読して、奇妙な文章だなと思った。西尾が、『文藝春秋』（二月号）の安倍晋三同様に（「民主党に皇室典範改正は任せられない」）に、「女性宮家」創出は宮内庁がしかけた「女系天皇制」を認めていくための「アリの一穴」になるから、男系万世一系絶対主義者として反対という主張を展開することは、読む前からわかっていたが、彼は「天皇陛下に『御聖断』を!」とのタイトルの文章を書きながら、どういう「御聖断」をしてほしいのかを、自分の主張としては、まったく明示していないのである。もちろん、具体的に天皇に何を要請しているのかは、読みとれないわけではないのだが。

西尾は、デヴィ夫人の活動と天皇の御学友橋本明の主張を紹介するかたちで、自分の立場を間接的に示すというまわりくどい方法を取っているのだ(不敬とののしられることを覚悟はあれ、「国民の立場」では明言してはいけない事だというわけだ)。西尾は子離れできないワガママ雅子と、「それに引きずり回されている皇太子という主に週刊誌メディアで報道されている情報を紹介した後、「デヴィ・スカルノ夫人」が、雅子のワガママを糺すべく天皇に立ち上がってくれとブログで発言している事実と、彼女が皇太子廃嫡の署名運動を呼びかけていることを紹介する(この「デヴィ夫人」の活動は、以前に週刊誌が記事にして紹介していた)。さらに、このような文章で、その論文を結んでいる。

「ここから先の具体的なことはもう喉まで出かかっていますが、国民の立場では言えません。/天皇陛下の『御聖断』をお待ち申し上げると奏上する次第です。/以前、皇室の諫言を一般向きの評論誌に書くのは間違っていると言われましたので、付け加えておきます。/橋本明さんという方は、天皇陛下にお目にかかってお話しすることが明日にでもできるような御学友です。その方も本に書いて出版された。……私ごときが陛下に直に奏上することなどできません。では奏上することができない人間は一切ものを言うなということでしょうか。そう思いません。私は私の信じるままに行動します」。

西尾は具体的に触れることを避けているが、橋本明の主張は『平成皇室論――次の御代へ向けて』(朝日新聞社・二〇〇九年)である。橋本は、そこで次の「御代」に向けた選択として、皇太子の廃嫡(廃太子)

を天皇が決めるという方法もあることを、具体的に明言していた。

西尾は「アキヒト天皇Xデー」近しという状況にあせり（『文藝春秋』がそれをにおわせる特集を二号つづけた事に「不敬」と抗議しているくせに）次の「御代」へ向けて、「廃太子」実現のために行動することを、ここで宣言しているのである。

天皇家（男系）の血が絶対神聖であるという天皇（伝統）主義者の、本当は許されないと自認している「廃太子」運動なるものが、〈3・11〉被災後一年という状況の中で、どう展開されるのか、私たちなりに注目していかなければなるまい。


（『反天皇制運動モンスター』二五号、二〇一二年二月七日）

〈3・11〉政府式典に〈NO!〉の声をたたきつける原発再稼働反対行動へ!
〈戦争責任〉から〈原発責任〉へ

二月八日、原子力安全・保安委が開催した「ストレステストに係わる意見聴取会」に対する抗議行動のために、その会場である「経済産業省」へ出かけた。私は午前中にもたれた有識者の諮問委員会の方ものぞいてみた。そこにも午後の聴取会のメンバーである、原子力業界から金をもらってきた事実がマスコミで知らされている札つきの「御用学者」が参加していたからである。

傍聴していて、本当にあきれた。経産省（原子力安全・保安院）も御用学者たちも、あれだけの事故――それは今も終わりが見えずに続いている――の人為的原因となりながらも（彼らが許可し、「安全」とする専門的見解なるものをふりまき続けたのだ）、なんの反省もしていないのだ。今回の事故を具体的に踏まえるフリをして、さらに安全度をたかめる努力をこんなにしている、そういうポーズを「国民」に示してみせるため、いいかえれば安全神話（デマゴギー）を科学的知見でデコレーションする屁理屈で、緻密に組み立てあげる作業をしているのだ。原発は安全なのは前提、誰しもが信じられなくなっているその前提は、彼らにとっては無条件の前提なのである。もはや利権の毒で脳が冒されてしまっている彼らには、「恥を知れ！」と叫ぶしかなかった。だいたい「安全」をチェックする資格など彼らにはない。この事故に直接的な責任ある人間たちではないか。どうしてこんなハレンチで無責任なことがまかり通っているのか。

考えてみれば、少なからぬ人に新たな「敗戦」をイメージさせるほどの恐ろしい被害をつくりだした原因。国策として原発を増産し続けてきた戦後国家（政治家・官僚たち）、電力資本家、そして原発は「安全」とプロパガンダし続けてきた翼賛マスコミのトップたち、さらには原発マネーに踊った御用学者たちの中から、事故から一周年たちつつある今にいたるまで、自分の責任を公言しそのポストから身を引いた人物は、誰ひとりいないのである。

この無責任大国ニッポンの政府は、きたる三月一一日に、「東日本大震災一周年追悼式」を開催することに決めている。遺族の代表者が挨拶し、天皇も出席するのだという。八月一五日の敗戦の日の記念式儀礼と同じ装置をつくりだそうというわけだ。確かに〈3・11〉は忘れられない日として、私たちにも繰り返し想起されなければならない日であろう。それは〈8・15〉同様に、戦争の責任者たち（もちろんトップは天皇）の責任を隠蔽するための、国・天皇による被害者の追悼というセレモニーに抗して、この無責任大国・無責任の文字通りの象徴である天皇による追悼の欺瞞を撃ちつつ、キチンと責任を問い、被害者にとどく補償をこそあらためて要求する日として。

「復興」を挙国一致のナショナリズムのスローガンとしてかかげ続けている政府は、原発輸出そして原発再稼働へ向けて平然と動きだしているのであり（ほころびた原子力村〈エリート利害共同体〉）の再生に向けて、今まさにその動きを加速しようとしているのである。

その加速プロセスに、〈3・11〉政府追悼式典は浮上してきているのである。この無責任大国＝象徴天皇制国家の無責任体質は、かつての植民地支配と侵略戦争の被害者たちに、まともに補償し、加害責任を認めて謝罪する〈責任を取る〉ことを基本的にはなにもしないできている事実によって強化されてきていているのだ。戦後の「復興」はこの無責任体制とともにつくりだされ、展開されてきたのだ。その「復興」（成長・発展）のゴールが〈3・11〉大破局だったのである。だとすれば私たちは、今度こそ〈原発責任〉を問い続け、キチンと責任を取らせ、個々の被害者の生活の再建を可能にする、行き届いた補償をこそ、政府と東電資本に要求し続けようではないか。

〈戦争責任〉そして〈原発責任〉を問い、天皇参加の政府式典へ〈NO！〉の声をたたきつける〈3・11〉原発再稼働反対の行動をつくりだそう。

（『反改憲通信』第七期第一八号、二〇一二年二月一六日）

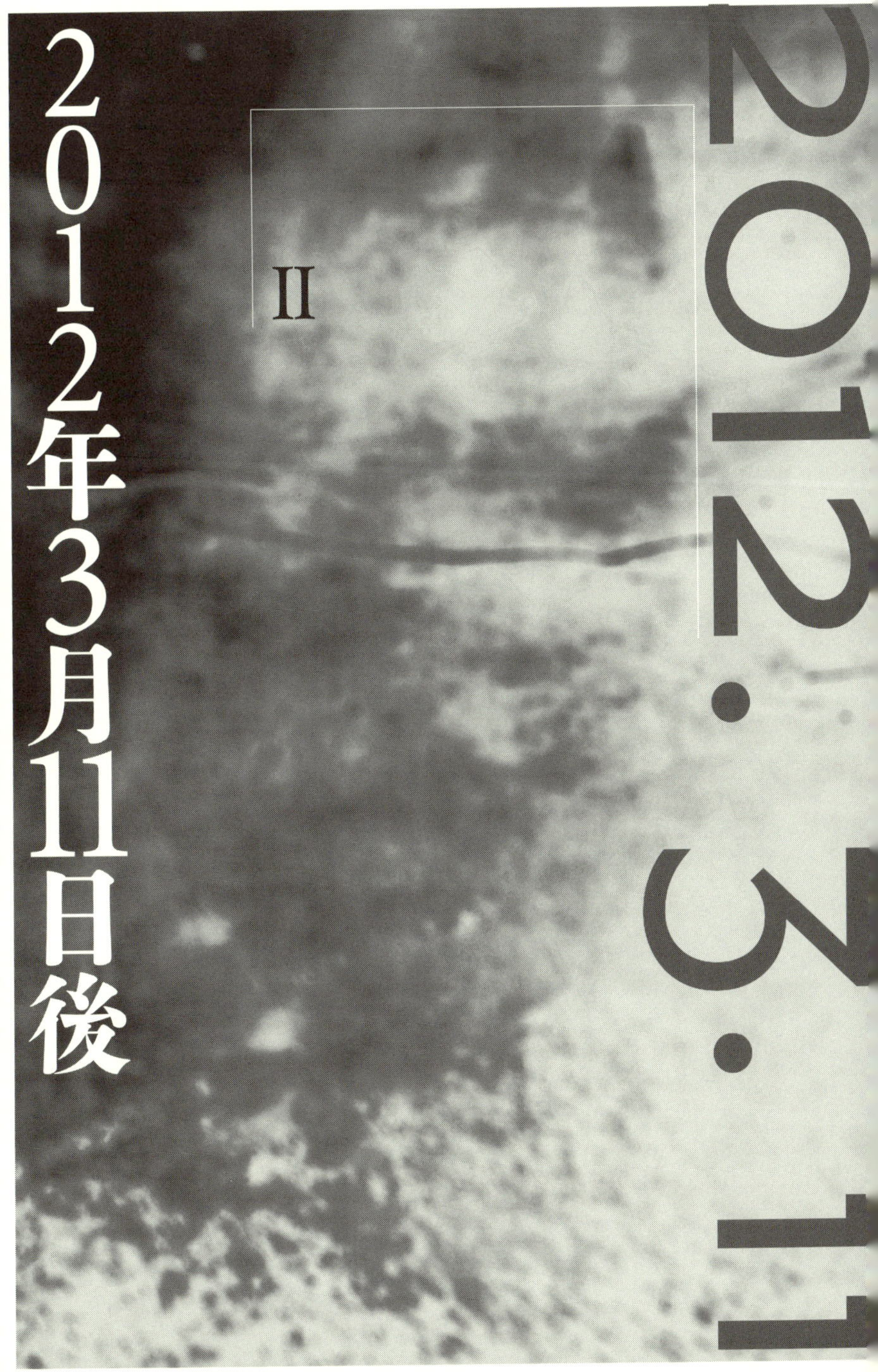

II

2012年3月11日後

2012・3・11

「無責任の体系」＝「祈り共同体」の外へ

〈3・11原発震災〉一周年の日に

1 「偶然」によって救われ、それでも大量に殺された

二〇一一年三月一一日の東北地方太平洋沖地震（M九・〇）によって発生した東京電力福島第一原発事故（一～四号機が同時に破壊され大量の放射性物質を外にまき散らす）という、世界に例をみない大惨事から、ちょうど一年の二〇一二年三月一一日。マスメディアには、「死者一万五千八百五十四人・行方不明三千百五十五人・避難者三十四万人強」という数字が飛びかった。この日、野田政権は東京千代田区の国立劇場で、一周年追悼式典を開催した。

この日の問題に行く前に、この〈3・11原発震災〉について、この「原発震災」という新しい概念（大地震の被害に原発事故の放射能被害が重ねられる事態）を提起し、早くから警告を発していた石橋克彦の以下のごとき主張をめぐる問題についてふれておこう。

「〇七年七月の新潟県中越地震（M六・八）で東京電力柏崎刈羽《かりわ》原発の原子炉が強震動被害を受けたとき、私は、日本列島が大地震活動期に入っているという認識を踏まえて、九七年以来警告してきた『原発震災』が日本社会の現実的緊急課題になったと確信した。新潟県でそれが生じなかったのは、地震が中型で大余震の続発がなかったなど、運がよかったにすぎないからである。私はリスクの高い原発から順に止めることを訴えたが、原発推進側は放射能漏れが微量ですんだのは日本の原発の耐震安全性が高いからだなどと主張した。／もし、日本社会がこのとき理性と感性と想像力を最大限に働かせ

ていれば、運転歴三〇年を超える福島第一原発の全六基は運転終了したかもしれない。痛恨のきわみである」（傍点引用者）[1]。

「運がよかった」という事は、どうやら、今回のあれだけの悲惨な被害をもたらした福島原発事故についても、いえるようなのである。

三月八日の『朝日新聞』の一面に、こういう事実が報道されている。見出しはこうだ。「工事不手際4号機救う」「水抜き作業できず→燃料プールへ流れ込み冷却」。

「東京電力福島第一原発の事故で日米両政府が最悪の事態の引き金になると心配した4号機の使用済み核燃料の過熱・崩壊は、震災直前の工事の不手際と、意図しない仕切り壁のずれという二つの偶然もあって救われていたことがわかった」。

「当初のスケジュールでは3月7日までに原子炉ウェルから水を抜く予定だった。ところが、シュラウドを切断する工具を炉内に入れようとしたところ、工具を炉内に導く補助器具の寸法違いが判明。この器具の改造で工事が遅れ、震災のあった3月11日時点で水を張ったままにしていた。／4号機の使用済み核燃料プールは津波で電源が失われ、冷やせない事態に陥った。プールの水は燃料の崩壊熱で蒸発していた。／水が減って、核燃料が露出して過熱すると、大量の放射線と放射性物質を放出。人は近づけなくなり、福島第一原発だけでなく福島第二など近くの原発も次々と放棄。首都圏の住民も避難対象となる最悪の事態につながると恐れられていた。／しかし実際には、燃料プールと隣りの原子炉ウェルとの仕切り壁がずれて隙間ができ、ウェル側からプールに約1千トンの水が流れ込んだとみられることが後に分かった。さらに、3月20日からは外部からの放水でプールに水が入り、燃料は、ほぼ無事だった。／東電によると、この水の流れ込みがなく、放水もなかった場合、3月下旬に燃料の外部露出が始まると計算していたという」（傍点引用者）。

工事の不手際で四日前に抜きとる予定の水が残っており、仕切り壁が偶然ぐずれて隙間ができたおかげで、首都圏住民まで避難という放射能の拡大は阻止できたというのだ。本当は、そうなっても、なにもおかしくない事態が発生していたのである。

最近になって、よりハッキリしてきた、この事故で隠され続けた事実について、『週刊朝日』の「福島原発最高幹部が語った封印された放射能汚染地図『北海道から静岡まで』の恐ろしい中身」（三月一六日号）は以下のようにレポートしている。

「米原子力規制委員会（NRC）は2月21日、震災直後（昨年3月11日）から10日間の、フクイチ（福島第一原発）の事故の対応を巡る会議や電話のやりとりを記録した3千ページを超える内部文書を公開した。／その詳細な記録は、この歴史的重大危機の際に米国がどう動いたかを伝える貴重な資料だ。／一方、日本では、原子力対策本部をはじめ震災関連の10の対策本部で議事録が作成されていなかった。議事概要すらもない会議もあったというのだから、唖然とする。お決まりの「無責任体質」である。／これが問題になって初めて、経済産業省の原子力安全・保安院が、慌てて会議出席者の復元作業に取りかかっている状況だ」（傍点引用者）。

たいへんな高給取りの保安院のメンバーが、事故直後に、まともな会議すらキチンともっていなかったことが判明し、すでにマスコミでも話題になっていた。だとすれば、こんなことで驚いてはいけないのだろう。「事故」の問題については、この記事は、次のように論じている。

「先の公開された内部文書によると、NRCは事故直後から、日米政府や東電、そしてメディアなどさまざまなルートを使って情報を集めたが、決して十分なものではなかった。それでも、そのなかでメルトダウン（炉心溶融）の可能性や、在日米国人の避難範囲などを次々と判断していった。／当時、米政府は『4号機の使用済み燃料プールの水が干上がっている』という情報を前提に、震災六日目の昨年3月16日、在日米国人に対し、半径50マイル（約80キロ）の退避勧告を出した。／結果的に、燃料プールに大きな損傷はなかったことが東電によって確認されたが、その判断の妥当性も記録が残っているから検証できるというものだろう。／NRCの方針は明確だった。まず情報収集に全力を挙げ、その上で起こりうる最悪の事態を予見し、自国民の安全確保を最優先することだった。メルトダウンの可能性を指摘したのは、実に震災2日目だ」（傍点引用者）。

アメリカ側の方針は、十二分の根拠のあるものであったことは明白だ。工事の不手際のラッキーな結果など予測にくりこみようがないからである。まず予測できる最悪の事態への対処から始めた対応は、逆の対処（退避圏を少しずつ、場当たり的に拡大していくという、もっともやってはいけない「危機管理」）の手法をあの危機的状況で、平然と駆使した菅政権と比較すれば、かなりまともである。日本の国家の政治的リーダーは、この点でも最低、最悪の無責任リーダーである。

さて、メルトダウンの問題である。

「そのとき、日本はどうだったのか。次々と原子炉建屋が水素爆発を起こす中、東電も保安委も一貫して『炉心の損傷はない』と言い張り、枝野幸男官房長官（当時）は会見で『放射能が大量に飛び散っている可能性は低い』と繰り返した。／しかし、現実には、すでに震災当日の午後6時ごろには1号機の炉心が露出し、午後7時ごろにはメルトダウンが始まっていたのだ（昨年11月に公表された東電の解析結果）。／ここに本誌が指摘したい一つの『事実』がある。／本誌がフクイチ最高幹部に取材を始めたのは4月下旬、事故から1ヶ月余りたったころのことである。当時まさに原子炉がメルトダウンしているのかどうかに注目が集まっていた。／政府や東電の発表資料から、メルトダウンは容易に想像はできた。しかし、彼らが認めないため、正面切ってその事実を報じるマスコミはなかった。うかつに『メルトダウン』と言えば、『根拠ないデマを流すな』と批判を浴びる状況だった。／本誌は当時から、最高幹部に何度も、／『メルトダウンしているのではないか』／と尋ねたが、彼はそのたびにこう答えた。／『間違いなくメルトダウンしている。それは、一連のデータ、数値から明らかだ。本店（東電本社）や政府はなぜ、きちんと発表しないのか』／『まったく本店の連中は何を考えているのか。のれんに腕押しのような対応の記者会見で、いつまで隠し通せると思っているのか』／しかし、具体的なデータは入手できなかった。これでは記事にはできない。そんなとき、最高幹部に近い筋がこう耳打ちをしてくれた。／『メルトダウンはしている。それを前提に、現場は作業していますから。その確証となるデータ・シュミレーションも実はあるのです』／すでに東電本社は、各計器の数値などをもとに、メルトダウンのシュミレーションをしていたというのだ」（傍点引用者）。

この記事は、その後、記者がそのシュミレーションを手に入れたというレポートになっている。

とんでもない話である。政府も東電も、そして「大量に放射能が飛ぶ事態であるメルトダウンは回避されている」という発言を、直後からマス・メディアでくりかえし続けていた大量の御用学者たちはさらに、事ここにいたっても、まだ「安心・安全」の神話を、ふりまき続けていたマス・メディア、彼等は許されるべきではない。彼等が協力してやった真実の隠蔽とデマゴギーによる操作は、「認識ある過失」のレベルを、まちがいなく超えた、「未必の故意」による大量殺人なのであるのだから（多くの人の死が、ゆっくりと長時間かけておとずれるものであろうと、その事実に変わりがあるわけではないのだ）。

2 「無責任の体系」＝「棄民国家」

次に避難指示のデタラメさ、放射能の影響（広がり）も風向きや風速、地形を計算して予測するシステム「SPEEDI（スピーディ）」があったにもかかわらず、いきなり同心円的避難を呼びかけ、多くの避難者を放射能汚染地帯においこんだ、という行為について、見てみる。

「放射性物質は同心円状には広がらず、汚染エリアは複数の突起を形成する。そのエリアをSPEEDIで予測し、迅速に住民を避難させなければならない。それが原子力防災の基本中の基本とされている」（傍点引用者）。

「基本中の基本」すら実行されなかったのである。SPEEDIの情報を集め出したのは文部科学省、避難指示は官邸の原子力災害対策本部の緊急時対応センター（ERC）。ERCは「原子力安全・保安院」のメンバーが集まっている。

「3月11日午後9時12分。原子力安全・保安院のERCは、独自に注文した1回目のSPEEDI予測図を受け取った。／SPEEDIは放射性物質の拡散を最大79時間先まで予測できる。その能力をフルに使って将来の拡散範囲を予想し、危険地域にいる住民を避難させなければならない。／放出された放射性物質は風に流されるため同心円状には広がらないのが常識だ。何時間後、どこに汚染が広がるか。ERCはSPEEDIの予測を続けながら汚染区域を見極めようとした。ところが……／その矢先の午後9時23分。原子力災害対策本部長の菅直人は同心円状の避難指示を発する。原発から3キロ圏内の住民には避難、10キロ圏内の住民に屋内退避、という内容だった。／対策本部の事務局は保安院が担当し、その中核はERCだ。そこには全く連絡がないまま、いきなり結論だけが下りてきた。官邸中枢が独自の判断で決めたのだ。／避難区域の案をつくっている最中に、いったいどうしたことか。ＥＲＣは驚き、室内は騒然とした。／官邸中枢が避難区域を決めてしまった以上、自分たちの役割はない。そう即断し、この段階でＥＲＣは避難区域案づくりをやめてしまう。／官邸中枢が発した避難指示は12日午前５時44分に原発から10キロ、同日午後６時25分に20キロと広がっていった。いずれも同心円状だった。／ＥＲＣは16日までに45回もＳＰＥＥＤＩの計算を繰り返すが、それは避難区域を決めるためではなく、官邸中枢が決めた避難区域について検証するためだった。／同心円状に広がらないのは原子力防災の常識なのに、次々と同心円状の避難指示が出る。そのおかしさを感じながらＥＲＣはそれを追認した。発せられた避難指示を否定する根拠がない以上、追認が妥当と考えた。／その後、政府はこう強調した。放射された放射能量が不明だったのでＳＰＥＥＤＩ予測はそもそも役に立たなかったのだ、と。ＥＲＣがＳＰＥＥＤＩを使って避難区域案をつくろうとしていたことは伏せられた。／同心円状の避難指示で最も矛盾が生じたのは、20キロ圏外にある放射線量の高い地域だった。ＳＰＥＥＤＩの予測圏では、20キロ圏をはるかに越え、北西方面に延びていた」。

いったい、彼等は人の命を、どう思っていたのだろう。ここまで〈無責任〉で、どうしていられるのか。さらに引こう。

「原子力安全・保安委のＥＲＣがＳＰＥＥＤＩを使って独自に避難区域案をつくろうとしていたことを、当の最高責任者は新聞で知った。／『おれの目の前に保安院のトップがいたんだよ』／10月31日夕、東京・永田町の議員会館。原発事故当時の首相、菅直人（65）は強調した。菅は毎朝、『プロメテウスの罠』を読んでいる。その日の朝も、いつも通り朝日新聞を開いた。プロメテウスを読み始めた菅は驚愕した。／ＥＲＣがＳＰＥＥＤＩを使って独自に避難計画書をつくっていた経緯が載っていた。そんな情報はまったく届いていなかった。驚いたあと、怒りがわいてきた。目の前に原子力・安全保安院のトップがいた。ERCの動きを、なぜ彼は自分に伝えなかったのか。いや、自分たちの動きも彼はERCに伝えていない。これはおかしいじゃないか。／新聞を読んだ直後、菅は旧知の朝日新聞記者に電話していた。プロメテウスの担当記者に会いたい、と。記者が足を運ぶと、菅は保安院への疑問、不満を訴えた。『責任者はおれだ。それは分っている。責任を取らないと言っているわけじゃない』と何度も言いながら。／浮き彫りになるのは原子力災害対策本部長の菅と対策本部の事務局長を務める保安院長、寺坂信昭（58）の間で重要な会話が成立していなかったことだ。ERCが避難区域を決めようとしていたのも知らなかった、寺坂は自分にSPEEDIのことも言わなかった、と菅は明かす。／寺坂は私たちの取材に応じていない。保安院は、すでにOBとなっているにもかかわらず、寺坂への取材を強く規制している。／当時、菅の前には原子力安全委員長、斑目《まだらめ》春樹（63）もいた。／3月11日の午後6時以降、内閣府にある安全委員会事務局のSPEEDI端末に文部科学省が1時間ごとに出す予測図が次々と届き始めていた。事務局は同じ予測図が文部省から官邸に送られていると思っていた。それゆえ斑目に届ける手だてを取らなかったのだが、実際は文科省から官邸に届くルートはなかった。／結局、文科省は予測を発するだけで終わり、安全委員会も官邸に予測を届けず、保安院が官邸中枢に届けた予測図は0～3枚。保安院はSPEEDIで避難区域案をつくろうとしたものの、それも実らなかった。／SPEEDIは避難区域づくりにも使われず、公開もされず、官邸中枢は3月20日前後まで存在すら知らなかったと主張している。／これにより、最も影響を受けたのは浪江町山間部から飯舘村長泥《ながどろ》周辺にかけての高線量地域にいた人たちだ。最も放射線量が高い時、長泥地区は懸命に炊き出しをしていた。自分たちのためではない。南相馬市からの避難民を助けるためだ。／浪江町の津島にも大勢が避難していた。避難者が多すぎて炊き出しのおにぎりは小さくなったが、みんな1日それ1個で我慢した。役場の職員の多くはそれさえ食べなかった。消防団は地面に穴を掘ってトイレをつくった。津波の修羅場を越え、放射能から逃げ、それでも人々は整然と動いていた」（傍点引用者）。

「朝日新聞特別報道部著」の『プロメテウスの罠——明かされなかった福島原発事故の真実』（学研パブリッシング・二〇一二年三月）から長く引用させていただいた。[2] それは、ここに示された具体的な事実群にこそ、戦後日本国家のグロテスクな「無責任の体系・棄民国家」という本質が非常にわかりやすく表現されていると考えたからである。

「無責任の体系」とは政治学者・丸山真男が、敗戦にいたるまでの国家（天皇制ファシズム期の国家をピークとするそれ）の基本的性格を規定するためにつくりだした概念である。私は、この概念は、戦後の象徴天皇制国家のシステムを名ざすものとして十分活用できるものだと考えてここで使った（戦後国家の無責任性の象徴こそが天皇制である）。

さて、『プロメテウスの罠』の第六章は「官邸の五日間」であり、ここでは東京電力のトップ（清水正孝）たちが、一四日、一五日、爆発におびえた、すべてをなげだして「総撤退」に動きだした事実が示されている。「このままほっといて撤退したら東日本全体がダメになる」と、あたりまえに判断した菅ら政治家がのりこんでの拒否で、それは回避された具体的プロセスがそこには示されている。その局面には米軍の介入（官邸への米国専門家の常駐要求）もあり、菅が「こんなことでは外国から侵略されるぞ」という言葉を発した事実も示されている。日本の危機管理無能力を口実に、米国（軍）がかなり強迫的にせまってきていたであろうことは、十分に推測可能である。「侵略」という首相の危機感にはそれなりの根拠があるだろう。ここにこそ美しき「トモダチ作戦」を展開したといわれる米軍と日本の軍事同盟の本当の姿が示されていよう。米国の危機管理力量の優秀さ、に目を奪われて、そこにあった、真実を見うしなってはなるまい。

ここで、東電の撤退問題にふれたのは、このビッグ・ビジネスのトップたち、取りかえしのつかない事故をつくりだしてしまった直接の責任者たちの無責任さを、具体的に確認しておくためである。どうにかして被害の拡大をストップしようなどという責任感などまったくなかったのだ。〈無責任の体系〉は日本のビッグ・ビジネスにまで貫徹してしまっている原理なのである。それは民間企業が主体の「国策」であった原発推進事業全体を貫徹している原理なのである。(3)

事故直下の〈危機〉がどれだけのものであったかを私たちは、より具体的にイメージし続けなければならない。あれだけのすさまじい被害の上で、それでも危機一髪の危機回避によって、私たちは、まだ生きながらえているのである。(4)

〈3・11原発震災〉直後に書かれ、私が強い共感を持って呼んだ酒井直樹の「『無責任の体系』三たび(5)」は、このように結ばれている。

『無責任の体系』は一九四五年で終わることはなかったとだけはいえる。『無責任の体系』の議論そのものが、もう一つの『無責任の体系』の始まりを告げる序曲となってしまったのである。戦後の日本国民共同体は、戦争や植民地支配の責任について、一人として戦犯を摘出し、審議し、処刑することができなかったのである。戦後の国民共同体が、その『仲よし』の和を尊重するあまり、植民地暴力や戦争中の残虐行為の責任者を摘出し、処罰する能力をついに獲得できなかったし、責任者を誤魔化すことから戦後社会は始まってしまったのである。『無責任の体系』を再度生み出さないためにも、国民性とは違った共同性を模索しなければならないだろう。／『無責任の体系』を三たび生み出さないためにも、国民性（すなわち国体）とは違った共同性を模索しなければならないだろう。『無責任の体系』を国体の護持や再構築に向けてでなく、国体とは異なった共同性を模索するための概念装置として使わなければならないからである。」。

「無責任の体系＝棄民国家」共同体と闘うために、私たちは今、何をしなければならないのか。

この論文で、酒井はこのようにも論じている。

「いま知識人が直面している課題は、挙国一致内閣の組閣に協賛したり国民の団結を奨励するために死者の霊を弔うことなどではない。このような惨事を生み出した制度的な条件を洗い出し、誰がどの段階でどのような発言をし、どのような決定を行ったか、その発言はどのような論拠があり、その論拠は妥当であったか、を一歩一歩調べ上げることであろう。もちろん、このような調査の過程は責任者の特定を伴うから、関係企業、官僚、関係技術者などから強い抵抗を予想しなければならない。と同時に、内部告発者を含めて、危険を予め察知し警告を発してきた人や技術者・科学者の勇気と見識を認め、彼らが将来のエネルギー行政や産業でより大きな役割を果たせるように制度を変えてゆかなければならない。そのためには現在の『無責任の体系』を解析し、誤りを犯した者たちと誤りを修正しようとした人々を弁別し、彼らの責任をできるだけ公平に問わなければならない。無節操に団結を謳うことがいま求められているのではない。必要ならば、日本人を割らなければならないのである」（傍点引用者）。

私たち脱（反）原発運動［この場合の私たちとはとりあえず「福島原発事故緊急会議」の私たち］の直面する課題も、原発推進政策を推進してきた「無責任の体系」の責任を（個々人の責任を特定するかたちで）キチンと問い、被害者への具体的な補償を広く実現させていくことである。[6] それは日本人共同体を割って、この〈原発責任〉を問い続ける作業である。

私たち［ここの私たちとは、緊急会議にも参加している「反天皇制運動連絡会」の私たち］は、この間一貫して、天皇制の侵略戦争・植民地支配の責任を、そしてそれを取らずに戦後に延命した、戦後責任を問う運動をこそ持続してきた（侵略と植民地支配の最高責任者ヒロヒト天皇が敗戦後も象徴天皇でありつづけた戦後国家・社会の〈無責任〉批判の作業である）。〈3・11〉は、その無責任（戦後復興）のゴールにおとずれた破局であることを、私たちは強く自覚せざるをえない。

そして、今私たちに必要なのは、〈戦争・植民地支配責任〉を問い続ける作業の延長線上に〈原発責任〉を歴史的かつ具体的に広く問い続ける作業である。

3　象徴天皇制国家・社会の〈原発責任〉

ここで、〈3・11原発震災〉直後の自分のスタンスを確認しておこう。

——〈3・11〉の前と後には決定的な断絶がある。なにやら世界の見え方が一変した。あの地震・津波・原発事故（今日まで続くとめどない放射能たれ流し）・大量の死傷者の発生、一瞬にして家が村が消え、瓦礫の山が続く風景だけが残った。少なからぬ人が、まるで『戦争』と『戦場』という言葉を吐いた。おさまらない余震と飛び交う、あるいは海に地中にふりまかれる放射能、大量に発生している原発内被曝労働者、人びとの命より、原発エネルギーが大事の電力資本・政府・マスコミの一体化した、まだ『安全・安心』の情報操作に振り回されながら、パニックの心理を抱えながらの日常生活。自分たちの日常の安全神話（国家の神話）のベールが剥がれ、なにがこれをつくってきたのかという歴史の闇が、今まであまり気づかなかった問題が、突然、クリアに見え出す。どうして五〇を超える原発があるんだ、誰がいつ、どのように日本に持ち込み、こんなにつくってきたのか。なんという愚かな歴史が、何ゆえ、どうして正当化されてきたのか。〈原発製造・輸入責任〉という問いを発し、あらためてその歴史を批判的にふりかえりだした人間は少なくあるまい。これもまたアメリカがらみだ。原子力『平和利用』キャンペーンのデタラメの歴史は、いったいなんだ。広島・長崎があったのに原水爆禁止運動がなぜ原発推進とセットで押し進められてきたんだ。近代科学、文明のバラ色の進歩とはなんだったのか。こういう問いが、脱原発あるいは反原発へ向かう大きな運動のうねりの中で渦まいて発せられだしている。今度こそ、トコトンこの問いを手放さずにこの運動の中を走り続けなければなるまい。〈3・11震災後〉はこれをうみだしたものの責任を問い続けるためにもそれ以前と決定的に断絶した時間でなければなるまい。このように〈震災後〉にこだわる意識が必要だと考えだした私の前に、御厨貴の「戦後が終わり『災後』が始まる」という論文が提出された(「がんばろう日本」という文字が「日の丸」の上に大きく書かれた表紙の『中央公論』五月号に収められている論文)。

この体制イデオローグは「災後」ということで、何を主張しているのか。その点に注目した。

「長かった『戦後』の時代がようやく終り、『災後』とも呼ぶべき時代が始まるのではないか。／一九四五年の敗戦以来、現在まで続いてきた『戦後』がいつ終わるのか、これまで多くの議論があった。『ポスト戦後』は論客によって、高度成長以降、オイルショック以降、バブル崩壊以後……とさまざまに定義されてきた。政治についても、世界でも稀な高度と世界に冠たる行政官僚に支えられた、五五年体制という枠組のなかで、政治は強いリーダーシップをとらずに済んできた。そしてこうした『戦後政治』の特徴は昭和天皇が死去しても、五五年体制が崩壊しても、二十一世紀になってもなかなか崩れなかった。／この理由としては、太平洋戦争以降、日本には共通体験としての戦争がなかったことが挙げられる。そして『あの戦争』は、日本の内外ともに、日本を語る際の基軸となった。『戦後』は終わらず、延びていくばかり。日本で『戦後』が終わるためには、つぎの共通体験が必要だったのである」。

その新しい共通体験として「3・11」が容赦なくやってきたというわけだ。そのように『災後』というひとつの新しい時代が始まった」、と彼は強調している。しかし彼の「災後」論には原発推進責任を問うという思想視座がまるでない。彼の戦後（政治）論に侵略戦争責任を問う視座が欠落しているのと同様に。日本内外の状況の激変の自覚への呼びかけがあるだけである。

あの日本への原発導入をしかけた政治家中曽根康弘が『サンデー毎日』での小宮山宏との対談（「原子力の次は太陽光だ」六月二六日号）で原子力エネルギー（『原発』製造）に飛びついた自分の先見性を自慢しつつ、「今回の事故を教訓に、戦後我々が進めてきたエネルギー政策の転換をしなければなりません」、「原発の運転再開に向けては国民を啓蒙しつつ、2050年には太陽光エネルギーへと転換できるでしょう」、などと、いけシャーシャーとほざいている。

そこで中曽根も、「エネルギーの面からも『戦後』にかわる『災後』という新しい時代を迎えているのです」と語っている。御厨の「災後」は中曽根にそんなふうに使われるていの、ものなのだ。

私たちも〈災後〉という視座に立つべきである、中曽根らの原発推進責任を問い続けるためにこそ。戦後国家（政治）財界のマスコミのそして御用学者らの歴史的責任をまるごと問い続けるために。そして、それは戦前（中）国家の侵略・植民地支配の責任を問い続けた〈戦後意識〉と通低するものであるはずだ。〈戦後〉と〈災後〉はそのように連続する(7)——

〈3・11〉で再度破局に直面した「無責任の体系」＝「棄民国家」は、アタフタしながら「脱原発」へ向かう姿勢をまったく示さなかったわけではない、しかし、菅政権をひきついだ同じ民主党の野田政権によって、ハッキリと、その「無責任の体系」は再構築・復興へ向かって進みだしている（それは原発輸出の再開、原発再稼動へのスタート〈その再稼動を許可する機関が、事故の責任をまったく取っていない、あの「原子力・安全保安院」であり「安全委員会」なのだからあきれる〉、米軍の要望をふまえた沖縄・辺野古への米軍新基地づくりの執着という政策が象徴的に表現している）。

この政権は平然と「事故の収束」を国内外に大きく宣言してみせた。しかし、新たな大きな余震が十分に予想され、メルトダウンした原発の中が具体的にどうなっているのか、さっぱりわからない状況で、放射能が飛びかい続けているのも明白な状況で、「収束」を政治的に探し出してみせるこの〈無責任〉は、あきれるばかりである。

広瀬隆は、こう論じている。

「将来のことばかりではない。すでに昨年のフクシマ事故で広大な国土が放射能で大汚染されたため、深刻な被曝の肉体的被害が間違いなく出ることについて、日本人はよく認識していない。放射能によって生物組織の遺伝子が損傷を受け、地球上の全生命に何世代にもわたって影響の出るこの作用は、これから長期間続く壮大な悲劇であることが、医学的に分かっている。フクシマから放出され、太平洋に落下した天文学的な量の放射性物質は、海流に乗って広がり、すでにハワイまで到達している。10年後の地球と海が、一体どうなっているか、想像したくないほどおそろしい事態が静かに進行しているのである。原子力発電にとって致命的なもう一つの問題は、今後もし運よく末期的な大事故を逸れても、原子炉を運転すれば、内部で毎日毎日、ウランやプルトニウムが核分裂して、トテツモナイ量の放射性物質を生み出すことにある。この放射性物質は、やがて放射性廃棄物となり、地球上に増え続けるばかりである。これを消す処理法は、この世に存在しない。したがって人類の誰かが、ほぼ永遠に、この高レベル放射能廃棄物を管理し続けなければならない」[8]。

こういう事実に、直面しながらも、四月中にはすべて止まる原発を、わざわざ再稼動させようとこの政権は動き出しているのである。

「緊急会議」の私たちは、「再稼動反対！全国アクション」を広く何度も呼びかけ、原発ゼロへ向けて、原発立地各地の反対行動と結びつきながら、反再稼動の行動をつみあげてきた。

その一つのゴールである〈3・11〉一周年の行動では、福島現地への抗議行動へも人を送り出しつつ、国会を包囲するヒューマン・チェーンを呼びかけ、一万人をこえる人々の結集によって、それを実現した。

やっと、〈3・11〉政府式典の日まで、たどりついた。

この日、野田政権は、一四時四六分での全国的な黙祷を呼びかけ、マスコミの全面的バックアップのもと、天皇を中心に置いた「祈り」（黙祷）の共同体を政治的に演出してみせた。野田佳彦首相は式辞で「復興を通じた日本の再生という歴史的な使命を果していく」と述べた。

この加害者たちが主役の「復興・再生」のための政治的セレモニーは、三たびの「無責任の体系」＝「棄民国家」の再生・復興のための〈挙国一致〉の大政治イベントであった。

この政府の〈災後一周年〉国家儀礼の主役中の主役は、〈8・15〉儀礼同様、天皇である。〈8・15〉が、天皇制国家・社会の侵略戦争と植民地支配責任を隠蔽し忘却するための追悼儀礼であり、〈3・11〉は原発責任の隠蔽・忘却のための黙祷（追悼）儀礼である。

心臓の手術を、この式典出席のタイミングもはかって受けた天皇、そして、この間は被災地をまわり、「祈り」続けた天皇夫妻は、この日も黙祷儀礼の中心で「祈る」。天皇は「再びそこに安全に住むためには放射能の問題を克服しなければならないという困難な問題が残っています」と現状をふまえた具体的で踏みこんだ主張までおりこみ、こうその「お言葉」を結んでいる。

「そしてこの大震災の記憶を忘れることなく、子孫に伝え、防災に対する心掛けを育み、安全な国土を目指して進んでいくことが大切と思います。今後、人々が安心して生活できる国土が築かれていくことを一同と共に願い、御霊《みたま》への追悼の言葉といたします」。

この状況で、「無責任の体系」＝「棄民国家」の復興へ向かって、原発輸出・原発再稼動を走りだしている野田政権のしかけた、まったく加害者たちが責任を取らずに「再生＝復興」するための国家儀礼の中心に置かれた天皇のこの「お言葉」、それのなんと欺瞞的なことか。

私たちは、もちろん多くの死者を追悼する一人一人の気持を大切に思わないわけではないし、追悼（黙祷）一般に反対しているわけではない。

片岡龍が「悲しみを抱えて生きる」でこう述べている。

「一方、風流《ふうりゅう》系と呼ばれる芸能（念仏踊り、鬼剣舞など）は、鎮魂をテーマとするが、この不幸な死によって亡くなった人の供養のためである。東北は飢饉が多かった。墓にたくさんの食べもの飲みものを供え、その前で鎮魂の風流をみなで踊る。／この場合の鎮魂とは『たましずめ』の意ではなく、『たまふるい』という意味だそうだ。亡くなった人に『安らかにお眠りください』で済ませるのでなく、『どうか眠らないで目を覚まし、あなたのつらかったこと、苦しかったこと、悲しかったことを、わたしたちに伝えて下さい。わたしたちがきっとその意思を受け継ぎます』と、激しい所作で語りかけるものという。すなわち、一人一人の悲しさ、また喜びを共有するものが、東北の祭りの魂である」[9]。

いってみれば、私たちの「鎮魂」は「たまふる」の精神であるべきだ。加害者である象徴天皇制国家のトップたちの、自分たちの責任を問わせないためのオタメゴカシの追悼儀礼（お言葉）がつくりだす、「儀礼共同体」（「国体」）にまきこまれることを拒否し、その〈責任〉をこそ問い続けようという「追悼」＝鎮魂の精神こそが大切だと私たちは考え続けているのだ。

しかし、今年の〈3・11〉は再稼動反対を軸とする脱（反）原発運動のうねりは、この日本国家共同体にヒビを入れる力量は、なかったことを率直に認めなければなるまい。全国の「脱原発」の声は、この象徴天皇制国家の追悼（黙祷）共同体の内側にかこいこまれるかたちで（いいかえれば責任を鋭く問うことができないかたちで）しか成立しなかった。その事は、少なからぬ脱原発集会やデモの参加者自体が、「無責任の体系」権力にしかけられた「14時46分」の〝追悼〟黙祷儀礼に参加してしまっている事実によく示されていた（マスコミの劇場では、そのようにしか見えない）。

私たちは、この「無責任の体系」＝「棄民国家」の再生に抗し、終わりなき〈災後〉という状況の中で、かつての〈侵略戦争・植民地支配の責任〉を問う作業の延長線上で象徴天皇制国家・社会の〈原発責任〉をこそ問い続ける、脱（反）原発運動の大衆化へ向けて、さらに運動を持続するしかない。

この持続の中でのみ、私たちの〈戦後＝災後〉がはじめて、つくりだせるのだから。

註

（1）石橋克彦編『原発を終わらせる』（岩波新書、二〇一一年）の「はじめに」の文章である。

（2）二〇一一年の十月三日からスタートしたこの「特別報道部」による連載は、現在も続いている。〈3・11原発震災〉後の対応の具体的検証レポートとしては、抜群にすぐれたものである。収められているのは第六章「官邸の5日間」までである。その後の部分も、今後の部分も、早く単行本化していただきたいものだ。切り抜いて読んできたが、連日の連載、どうしても欠落が出てしまう。ついでに。なんで「朝日新聞社」で本にならないのか、帯には「大反響連載待望の書籍化」とあり、私たちの身のまわりでは本当に話題の連載であることは、まちがいない、奇妙である。「朝日」トップグループの「脱原発」の本気度がかなり疑われる現実である。マスコミの責任感こそが問われているのだろうに。

（3）私たちは、こうした局面で、本当に危機拡大回避のために被曝しながら働くことを強いられている、下請けの現場労働者の存在を忘れるわけにはいくまい。マスコミは最初「フクシマ50」として、彼等を命がけのヒーローとしてクローズアップした。しかし現場労働者の数は、いまやとんでもない数にまで増大しているのに、その被曝労働の日常について報道されることは、ほとんどなくなっている。

読むに値するこの一年の検証記事としては「使い捨てられたフクシマ50の告白」（『NewsWeeks』二〇一二年一二月一四日）がある。

それの結びの言葉はこうである。

「だが最も悲劇的なのは、中川のように相当レベルの放射線を浴びた作業員だ。それどころが原発事故の収束に向けて奮闘した彼らは、何の補償も与えられないまま、世間から忘れ去られつつある。／大量被曝した中川は昨年12月に精密検査を受けた。結果はまだ分からない。取材中、中川は記者にこう聞いた。／『私、大丈夫ですかね？』」。

「棄民企業＝国家」の原理は、下層に向かってより強力に貫徹し続けているのである。

（4）税金である多額の交付金で地方議会をまるめこみ、地方自治体を財政的に買収し、優遇されている電力資本は、そのマネーで宣伝費を大量に注入して大マスコミを支配し、くりかえされる事故を隠蔽し、安全神話（原発批判のタブー）をつくり大学のボス学者たちを「御用学者」としてかこいこみ、ホラを宣伝させる。こうしてつくりだされた原発翼賛体制を、山本義隆は〈原発ファシズム〉と名づけている（『福島の原発事故をめぐって』二〇一一年・みすず書房）。この言葉も、体制原理の批判的説明の言葉として、ストンと胸におちる。

（5）「『無責任の体系』三たび」（酒井直樹『現代思想』、二〇一一年五月号。この号の特集は「東日本大震災――危機を生きる思想」である。

（6）「福島原発事故緊急会議」は二〇一一年三月二十四日に文字通りの「緊急会議」を持って、スタートした。「呼びかけ文」の書き出しの部分を以下示す。

「『大地震・津波・原発事故』という恐るべき事態を前に政府・東電・マスコミに私たちの命を預け、おもちゃにされているかのごとき状況をどのように運動的に突き破っていけるのか。私たちはこういった論議を重ねて、自分の担う運動課題を超えて、広く共同の動きを創りだしていこうという〈有志〉の呼びかけを受け3月24日に、第一回緊急会議を持ちました。／そこでは、緊急会議の目的として、

①『脱原発』を掲げた大きな社会的運動＝政府・東電・マスコミへの強力な抵抗・交渉・抗議主体を立ち上げてゆく活動に、ただちにとりかかること。

②事故原因をつくりだし、真実を伝えない政府・東電・マスコミの責任を問い、事ここに至っても『安全・安心』を前提にした情報操作を繰り返している権力者たちに、『すべての情報を公開せよ』と迫っていく動きを、広くネットワークすること、

③放射能の拡散にさらされている、被災者たち、および被曝労働者の声を私たちに届けてもらうルートをつくり出しながら、政府・東電・マスコミの一体化した情報操作をリアルに批判・検証し、生命、健康、安全を

守るためのオルタナティブな情報を発信し、結んでいく。そのメディアづくりのための『共同デスク』を立ち上げること、」。

(7)『運動〈経験〉』三三号、二〇一一年七月三〇日、の私の「刊行のことば」。

(8)広瀬隆「すべての原発の即時廃止を求める」『朝日ジャーナル』二〇一二年三月二〇日号。『週刊朝日』の臨増として発行されている「わたしたちと原発」特集号。

(9)片岡龍「悲しみを抱えて生きろ」『世界』二〇一二年四月号。

(『インパクション』一八四号、二〇一二年四月)

〈3・11〉脱原発アクションの成功をステップに、さらなる再稼働反対行動へ!

〈3・11原発震災〉から一周年の日、私たちは、私たちも参加している「福島原発事故緊急会議」が呼びかけてつくられた「再稼働反対!全国アクション」に結集し、国会を「ヒューマン・チェーン」で包囲するという抗議行動に全力で取り組んだ。そこには、私たち主催者の予想をまったくオーバーする一万人を超える人々が参加して、右翼の脅迫、警察の「無法」のいやがらせ(国会添いの歩道からは締め出し、道路をへだてた外側の歩道しか使用させない)に、強く抗議して、キチンと「包囲」を実現し、国会正門前での集会もにぎやかにつくり出された。福島現地での「原発いらない!3・11福島県民大集会」へも、バスをくり出して私たちの仲間は参加しており、東京での集まりがこれほど大衆的なものになるとは、正直、だれ一人も予想していなかったと思う。

とにかく、その点は大成功であった。

全国で稼働している原発は五四基中二基のみという状況で、三月二六日には東京電力柏崎刈羽6号機が、五月五日には北海道電力の泊3号機も定期検査入りし、全原発が停止される状況が現実のものとなる。私たちは全原発停止から全原発廃炉（原発ゼロ！）との声をあげ、「安全」神話（崩壊したそれをストレステストというインチキな手続で）を再生させ、再起動へと向かっている野田政権に正面から対峙する抗議行動を多様に作り上げてきた。〈3・11〉は、それの集約的な闘いの日であったのだ。

国会包囲行動の後に行なわれた首相官邸への要請書提出行動で読み上げられた「ハイロアクション福島原発40年実行委」の要請書にはこうある。

「あの日から1年の月日が過ぎました。／私たち福島県民は、それぞれが深い想いを胸に抱きつつ、新しい一歩を踏み出す日です。／しかし現実はどうでしょうか。総理は昨年末に、福島原発事故収束宣言をされましたが、私たちは『何ひとつ終わっていない』と感じています。／余震による、更なる原発の事故を恐れ、失ったもののあまりの大きさに呆然とし、人々の分断がすすむ状況を、心から悲しいと思う日々です。／私たちは要求します。／1、一刻も早く、放射能の流出を食いとめるために、あらゆる努力を行うこと。／2、放射能被曝を可能な限り減らし、健康で文化的な生活を営む私たちの権利を保障すること。／3、国民の安全が確保できないにもかかわらず、国策として原子力政策を推進した責任を認め、謝罪・補償を行うこと。／4、日本のすべての原子力発電所を停止し、再稼働せずに廃炉にすること」。

まったく、まっとうで、しごく当たり前な要求である。

この日、こうした当たり前の多くの人々の要請を踏みにじって、原発再稼働さらには原発輸出へも動き出している野田政権は、政府主催の追悼式典を政治的に演出した。そして、あの原発翼賛マスコミは、またもやこぞってこの国家儀礼を大々的に報道し、二時四六分の黙祷「挙国一致共同体」づくりには全面的に協力してみせた。儀礼の中心には、8・15追悼儀礼同様、天皇（夫妻）が座った。野田も天皇も、被災地（者）を気づかった言葉を吐き、「復興」への願いを口にし、おごそかに追悼の気持ちを表明してみせた。

大量の死傷者（被曝によって未来の死が約束されてしまった、あるいはしまうであろう数を合わせたら、それは信じられない数であろう）をつくりだした原発づくりを国策として推進してきた戦後天皇制国家の〈象徴〉と現在の首相が、こういうおためごかしの欺瞞の言葉を吐き続ける状況。こうした状況に抗して、私たちはさらに再稼働予定原発立地と結んだ、具体的な反再稼働の行動へ立ち上っている。〈怒り〉を行動へ！　共に！

（『反安保実NEWS』三二号、二〇一二年四月五日）

天皇中心とする「祈り共同体」＝「無責任の体系」にNOの声を！

「再稼働反対！全国アクション」行動をつみあげてきた私たちは、天皇夫妻出席の政府主催の「東日本大震災一周年追悼式」に抗して、福島現地への集まりに人を送り出したうえで、国会をヒューマンチェーンで包囲する行動を一万人をオーバーする人びとを結集して実現した。

〈3・11原発震災〉一周年のこの日、天皇主義右翼の脅迫と妨害、警察の執拗な嫌がらせをハネのけ、それは力強くつくりだされたのである。私たち主催者の予想をはるかにオーバーする人びとの結集に、私たちの気分は高揚した。しかし、その夜から翌日のテレビ報道、そして新聞などのマスコミ報道をていねいに追いかけて、私は、野田政権のしかけた〈3・11〉の全国的な黙祷儀礼が、天皇を中心とする「挙国一致」の追悼儀礼としてみごとに成立させられてしまった現実に、あらためて気づかされた。少しハシャイだ気分はすぐ消滅したのだ。以下のごとき「国民の皆さまへ」という「政府公報」はマスコミに流れていた。

「東日本大震災で犠牲となられた方々への追悼をお願いします／3月11日（日）は、国立劇場（東京）において、政府主催の『東日本大震災一周年追悼式』が行われます。／東日本大震災で犠牲となられた方々に対し、それぞれのご家庭や職場などで発生時刻である午後2時46分から1分間の黙とうをお願いいたします」。

東京電力とともに、この〈原発震災〉の最高責任者である象徴天皇制国家がしかけたナショナリズムにみちた追悼イベントは、見事に成立してしまった。

街頭テレビなどでもクローズアップされた天皇夫妻の二時四六分の黙祷にあわせて、道ゆく人びとはこぞって足をとめ、映画館や野球場の人びとまでが、その時間には立ち上がり黙祷している様が次々とテレビで放映されているのだ。天皇を中心にした「祈り共同体」という国家の枠組みのなかに反原発デモまでもスッポリとはめこまれていた。

直接の加害者たちが、こぞって被害者（死者）を追悼するこうした政治儀礼には、つくりだしてしまった被害の責任を取るという態度とは、まったく反対の姿勢がそこに示されていること（この点は野田政権が、原発再稼働へ、そして輸出へ向けて突っ走ろうとしている姿とキチンと対応している）に、多くの人びとは無自覚である。

死者を追悼しようという、一人ひとりの想いは大切なものである。しかし、加害者国家が指定した時刻に天皇の黙祷にあわせて、全国民がこぞって黙祷してみせる必要などが、どこにあるのか。死が確認された時刻にこそ黙祷をというなら、一人ひとりみな別々の時間に死んでいるではないか。死者への思いというなら、追悼する人の固有の死者への一人ひとり別々の思い、具体的な関係をふまえた個別的な思いだけが大切なものであるのではないのか。

まともに補償をしていない、この大事故で誰一人責任を取ってやめる政治家・官僚がでてこない、この〈無責任の体系〉である国家の号令で、どうして黙祷なんかできよう。

私たちは、この日の天皇儀礼が、原発震災直後のはじめてのビデオ・メッセージ、天皇夫妻中心で皇族フル動員の避難所・被災地めぐりのハデな「御慈愛」パフォーマンスと連続した、国家政治の一つのゴールであることにこそ注目しておかなければなるまい。

〈8・15〉の「追悼式典」同様、〈3・11〉天皇儀礼は、毎年くりかえされていくことになるだろう。〈8・15〉が天皇制ファシズム国家の侵略戦争と植民地支配の責任をまともに取らない、国民がこぞってその責任を忘却していくための儀礼として、しかけ続けられてきているのだとすれば、〈3・11〉はなんのための天皇（政府）式典か。

それは、「国策」として原発を五四基も国内につくりだした責任。すなわち、〈原発ファシズム〉（国の税金が基本の巨額のマネーで、マスコミを学者を買収した独占電力資本が、批判をタブーとした「安全神話」に翼賛する）体制をつくりだし、この〈原発震災〉という終わりなど、まったく見えない前例のない悲劇をつくり続けていることの責任のいっさいをほおっかむりするためである。

『週刊新潮』（四月五日号）の「食欲不振と低蛋白血症腎機能低下で利尿剤に効果なし　5分の御所散策で息切れ『天皇陛下』憔悴のカルテ」は、こう伝えている。

「さる宮内庁幹部が言う。／陛下が3月4日にご退院されたのは、11日の追悼式典へのご出席というスケジュールから逆算した日程で、同時にご自身の強いご希望によるものでした。ですが、はやり〝見切り発車〟の感は否めませんでした。もう少しの間、ご病院でご安静にされていれば、術後のご体調も随分と違っていたはずなのですが……』／その後もなお、ご公務などで『完全療養』とは程遠い環境におられる陛下。これまた、ご快復が思うようには進まないことの一因であろう」。

式典で天皇をガードした美智子も、「立ちくらみ」の状況が続いていると、ここではレポートされている。今回の〈3・11〉行動は、この天皇（夫妻）の政治的決意に正面から向きあう、責任を取らないことで完成された象徴天皇制国家という〈無責任の体系〉の〈原発責任〉を鋭く問い続ける反〈3・11〉式典行動の第一波であったことを、私たちは胸にきざんでおかなければなるまい。

（『反天皇制運動モンスター』二七号、二〇一二年四月一〇日）

〈戦争責任〉をふまえて〈原発責任〉を問う

――「再稼働」反対行動へ

四月二八日、二九日の「植民地支配と日米安保を問う」連続行動の渦中を走りながらも、私の胸には原発再稼働へ向かう野田政権の、なりふりかまわぬ策動への怒りの気持がこみあげ続けた。どうしてこんなことが許され続けているのか。

原子力安全・保安院のストレステスト意見聴取会に委員として参加している井野博満は、「再稼働」ありきでスタートしたこの聴取会と、「原子力安全委員会」に象徴される姿勢について、内部から批判する鋭いレポートを書いている。井野は原発の安全性を技術的に判断するタイミングとして、今は最悪だと、そこで書きだしている。その理由はこうだ。

「第一に、福島原発事故の検証が終わっていない。第二に、地震や津波の規模や被害の大きさについて、見直しが始まったところである。第三に、過酷事故の際の放射性物質放出の様態や影響緩和策の効果について、評価されていない。まず、これらの技術的評価がきちんとなされた段階で、今後の原発をどうするのかについて根本からの議論をおこない、国民的合意形成をはかってゆくべきである。保安院も安全委員会を技術的に安全だと明言していない今の段階で、再稼働という政治判断を行うのは、最悪だと言わざるを得ない」(「市民の常識と原発再稼働」『世界』六月号)。

トータルに「安全」と評価することを避けている保安院と安全委が、大飯3号機・4号機、伊方3号機については、安全を「技術的に確認」し、再稼働へゴーサインを平然と出したのである。

井野がここで具体的に論証しているように、〈安全性〉などまったく確認されていないのだ(その評価基準すら、なんら明確でなく、「安全」という結論の方から組み立てられたインチキなものにすぎないのだ)。〈原子力ムラ〉の利害のための「政治判断」。いったい人の命をなんだと思っているのか。

五月一二日の『朝日新聞』に以下のような記事があった。

「脱原発を掲げる東海村の村上達也村長は11日、『全国原子力発電所所在市町村協議会』(全原協)で1997年から務めてきた副会長を辞任した。/村上村長は『全原協は原発の安全第一を訴えてきたが、かけ声だけだった。協議会として東京電力福島第一原発の事故を防げなかった責任を感じている』と話している。村上村長は脱原発を主張し、村に立地する日本原子力発電東海第二原発の廃炉を政府に提案している。全原協は原発が立地、立地予定、または立地自治体に隣接する31市町村が加入し、安全確保や地域振興を国などに働きかけている」。

あれだけの大惨事。野田政権が自分の政治的都合で「終結」を宣言した「大事故」は、終わりようもなく続いている。これの「責任」を明言して「職」を退いた、初めての政治家がここにやっと出現した。象徴天皇制国家の「国策」として推進された原発政策。この利権にむらがった政治家、官僚、御用知識人、文化人、御用マスコミ。彼らのうち、これまで誰一人として責任を取ることをしてきていないのだ。

こんな国家・社会が、ほかにどこにありうるのか。

だいたい、原子力安全・保安院や原子力安全委員会のメンバーたちは、再稼働を認可する権限など、今さらどうして持ちうるのか。こいつらが認可し（安全神話をつくり）、こんな事故がうみだされているのではないか。「聴取会」の御用学者や委員（電力資本から今も金をもらっているメンバーが中心で座りつづけていることが明らかにされている）は、自分たちの責任をどう取るのかこそが問題にされるべきで、やっぱり「安全」などと、どの顔さげて権威ある「専門家」ヅラができるのか。

千本秀樹は「責任を語りつぐということ」（『現代の理論』30〈終刊〉号）の中で、「その原因、すなわち責任を記憶しつづけること」の大切さを力説し、日本の侵略戦争の責任を問い続けた戦後の〈責任論〉に学びつつ、〈原発責任〉をこそ問い続けるべし、と論じている。そこで、このようにも主張している。「事故のプロセスもよく分かっていないのに再稼働を急ぐことは、敗戦国が敗戦の原因を明らかにできないまま、戦争ができる国づくりを急ぐことと同じである」。象徴天皇制国家の戦後責任（侵略・植民地支配の歴史的責任を問わなかったことの〈責任〉としてのそれ）を問い続けてきた私たちは、さらに連続されていくであろう再稼働反対の〈脱（反）原発〉運動の中で、戦争責任をふまえて〈原発責任〉を具体的に問い続ける作業をこそ持続していかなければなるまい。

〈無責任の体系〉は戦後の象徴天皇制国家においてこそ完成されていたのである。その事実が、この間の原発をめぐる状況の中で、これだけ赤裸々に露呈しているのであるのだから。

（『反天皇制運動モンスター』二九号、二〇一二年六月一三日）

橋下らの手をかりた野田政権の原発「再稼働」を許すな！

――憲法［生存権］をふまえて対決を

六月八日、福井県の西川一郎知事の要請に応えて、野田佳彦首相は記者会見し、大飯原発の再稼働を宣言した。

「夏場の電力需要ピークが近づき、結論を出さなければいけない時期がせまりつつある。『国民の生活を守る』。それが国論を二分している問題に対する私の判断の基軸。大飯原発3、4号機を再稼働すべきだというのが私の判断だ。立地自治体の理解を得たところで再稼働の手続を進めたい」。

人びとの生活、そして命（生存）のことを考えたら、原発はすべて廃炉にするしかない。福島原発事故の大惨事が、終わりようもなく続いており、福島など直接の被災者への生活再建のための補償も、まったくまともにせず、平然と放射能地帯で生活させ続けている状況下での政府の「再稼働」宣言である。厚顔無恥とは、こういう人たちのためにのみある言葉である。

首相官邸での抗議の大衆行動は続いている。前日の大結集に続く、六月九日の私たち「再稼働反対全国アクション」の「抗議ウォーク」にも、あいにくの雨にもかかわらず、多くの人びとが参加。怒りの声を、首相官邸を包囲してたたきつけた（「ウォーク」の名称はデモンストレーションの許可されない地帯をゼッケン・横断幕・旗を持ったまま、抗議の声をあげてデモンストレーションを実施するための戦術的名称）。この福島から駆けつけた人びとをも含めての抗議行動のなかで発せられた怒りの声には、日本の政府は「国民の生活のため」などと主張しながら、電力関連資本（企業）利害のことしかまったく考えていない鉄面皮であることへの絶望的気分が共通していた。事ここに至っても、目先の「利権」が最優先。どんなホラでも吹きまくる。野田は、さらにこう論じている。

「福島を襲った地震・津波が起こっても、事故を防止できる対策と体制は整っている。全電源が失われるような事態でも、炉心損傷に至らない」。

こんなことを断言できる根拠は、本当はどこにもないことは明白。福島原発の「炉心損傷」の現場検証など、具体的にはまったくできていないし、今だって溶解した炉心がどこにどうなっているかさえ、まったく不明のままなのは、誰でも知っている。野田は、さらにこのように「自白」している。「政府の安全判断の基準は暫定的なもの。新たな（規制）体制が発足した時点で安全規制を見直す」。今回の事故を受けた安全基準など、つくられていないのだ。基準もなく判断し、「規制」する機関もつくられていない。しかし、福島事故に直接責任のある〈彼らの安全宣言に守られて、それは稼働していたのだ〉。この利権にまみれた原子力安全・保安院と原子力安全委員会のインチキなゴーサインで、また再稼働をスタートさせようとしているだけなのだ。

野田政権にとっては再稼働が前提で、後は「安全」のイメージを演出するためのセレモニーが、この間あったにすぎない。徹頭徹尾の〈無責任〉がそこにあるだけなのだ。野田は「夏季限定の稼働」

を主張する橋下徹大阪市長等の主張を、「限定」ではないとハネつけている。マスコミはまったくふれないが、反対から一転「期間限定賛成」にひっくりかえった橋下らの態度こそが、野田政権が平然と「再稼働」へふみこむスプリングボードになった事実を忘れてはいけない。

この、あらゆる意味で人権感覚の欠落している橋下が「原発再稼働」へ動いたことに驚く必要などないが、あれだけ「いま再稼働などと、誰がいえるの！」と強い言葉を吐いていた、この人気とりで、コロコロ態度を変えるデマゴーグの鉄面皮ぶり（政治信念は権力取りだけ）を忘れることも、いまや本当に許されないことである。

私たちは、大飯現地の呼びかけに応える、現地全国結集の闘争を含めて、さらに再稼働ノーの声を拡大しぬかなければならない。その闘いのなかで私たちは、実はあんな殺人産業である原発をつくることなどを許さないと宣言した憲法の下を、戦後生きてきたのだという事実にこそ、改めて注目しなおすべきだろう、二五条生存権。人びとの生存を保障すべき政府が私たちの生存をおびやかしているのだ。憲法の理念を活用した政府への反撃を！　これが私たちが今期も自覚的に追求すべきテーマである。

（『反改憲運動通信』第八期一号、二〇一二年六月一三日）

PKO派兵反対を持続し、沖縄オスプレイ配備・原発再稼働糾弾の大きな闘いを！

六月二一日、私たちは、「南スーダンへの自衛隊第二次派兵を直ちに中止し、派遣したすべての自衛隊員を即時に撤収させせよ！」と防衛省に要請する活動に取り組んだ。

「国際貢献」のたてまえでの自衛隊海外派兵は、「国際連合平和維持活動等に対する協力に関する法律」（いわゆるPKO法）が、カンボジア派兵をにらんでつくられてから、ちょうど二〇年になる。私たちの活動は、この積み上げられ続けてきたPKO派兵に持続的に反対し続けることを一つの軸として存在した。同じ六月二一日の『朝日新聞』の「社説」（PKO20年「日本モデル」を磨こう）にはこうある。

「世界の平和維持のため、カネだけでなく人も出す。そのための国連平和維持活動（PKO）協力法が1992年に成立して、今月で20年を迎えた。／当時の朝日新聞の世論調査では、自衛隊の部隊を海外に出すことに、58％が『憲法上、問題がある』と答えていた。／おそるおそるのスタートだった。それが、18ヶ国・地域に27の国際平和協力隊を派遣するなかで国民の理解は定着した。憲法の制約下、手堅い働きぶりには国際的評価も高い」。

二〇年前、明白に平和憲法を踏みにじる、派兵への疑問、批判の声は、現在に比較すればはるかに大きかった。支配者たちは、既成事実を積み上げ、その既成事実そのものによって派兵を正当化し続けようとねらったことはまちがいない。残念ながらその「事実」の力のゴリ押しは通ってしまい、本当に「力」になってしまった現在がある。その点は、最後のブレーキであるPKO参加五原則（特に「兵器使用基準の抑制」）を外す方向にまで進んでしまっている野田政権の南スーダン派兵を前に、『朝日新聞』が「『日本型PKO』さらに磨き、広げていきたい」などという社説を掲げる事態がそれを象徴している。

だいたい〈交戦状態〉にある国へのPKO派兵が、アメリカの石油資源のための軍事協力が、どうして正当化されるのか。

圧倒的多数の原発再稼働反対の声を、まるで存在しないかのように無視して、まったく根拠のない「安全・安心」を強調して、野田政権は大飯原発の再稼働を宣言した（六月八日）。こうした動きに対しては、私たちは「福島原発事故緊急会議」―「再稼働反対全国アクション」の活動に合流して、反対行動を積み上げている。六月二三日、「大飯原発の再稼働決定を撤回しろ！新宿デモ」（主催：全国アクション）に参加した人々は、口々に、――今まで、いろいろな反対行動は、決められ実行されてしまうと、その既成事実に押され、しぼんでしまうのが常だった、しかし、〈生存の危機〉が日々深化している、このテーマは違う。「再稼働決定宣言」後むしろ、さらに反対運動は盛り上がり続けている――と話していた。

私たちにとっては一年前の3・11直後から日常化したテーマであるが、さらにがんばり続けるしかあるまい。

六月二七日、私たちは「辺野古への基地建設を許さない実行委」として「オスプレイ配備を許さない！普天間基地を閉鎖しろ！6・27院内集会」に参加。これは、沖縄であらためて島ぐるみの巨大な闘いになっている、何度も事故を繰り返し、大量な死者を作り出し続けている垂直離着陸機MV22オスプレイの強制配備に反対する声をうけての取り組みであった。オスプレイは沖縄全域のみならず「本土（ヤマト）」の各地でも低空飛行訓練を繰り返すことが、この間、明らかになっているものである。

この院内集会には沖縄からの参加者もあり、「負担軽減」を口にしながら、ひたすら米軍の要請に従って、沖縄の負担を強化し続けようという防衛省、外務省の姿勢への強烈な批判の声が飛び交った。「あなたたちはペンタゴンの日本支部なのか！」と。

沖縄の反基地闘争に連帯しＰＫＯの派兵に反対することをメインのテーマにしてきた私たち「反安

保実」にとって、今年は正念場である。初心を貫く闘いを共に！

（『反安保実NEWS』三三号、二〇一二年七月五日）

〈原発（核）責任〉論へ

――再稼働反対運動の渦中から

1〈原発再稼働責任〉

今、全国に噴出した反（脱）原発運動は、激しい憤怒の渦のなかを「原発再稼働反対」の声をあげながら全力疾走しだしている。

野田佳彦首相は、六月八日記者会見し、五月五日以降すべての原発がとまっている状況のなかで、関西電力大飯原発3・4号機（福井県おおい町にある）の再稼働手続きを進めると宣言してみせた。

福井県の西川一誠知事のまず国のほうからの要請を受けての、このあまりにも鉄面皮な態度（発言）は、あらためて私たちの怒りに火をつけたのである。野田は、平然と述べている。

「福島を襲ったような地震・津波が起こっても、事故を防止できる対策と体制は整っています。これまでに得られた知見を最大限に生かし、もし万が一すべての電源が失われるような事態においても、炉心損傷に至らないことが確認をされています。／これまで1年以上の時間をかけ、IAEAや原子力安全委員会を含め、専門家による40回以上にわたる公開の議論を通じて得られた知見を慎重に慎重を重ねて積み上げ、安全性を確認した結果であります。勿論、安全基準にこれで絶対というものはございません。最新の知見に照らして、常に見直していかなければならないというのが東京電力福島原発事故の大きな教訓の一つでございました」。

このようなあの大惨事の教訓をふまえたポーズで、この男は、またイケシャーシャーと新しい「安全神話」をデッチ上げているのだ。それが「神話」（デマゴギー）にすぎないことは、実はここで自白している。

「実質的に安全は確保されているものの、政府の安全判断の基準は暫定的なものであり、新たな体制が発足した時点で安全規制を見直していくこととなります」。

政府の安全判断の基準が、キチンとたてられていない、この明白な事実をまったく無視することは、こんな男でもさすがにできなかったのだ。「暫定的な基準」などが「安全基準」といえるわけがないだろう。それなのにどうして「実質的に安全は確保されている」などと断言できるのだ。論理がハチャメチャである。

まず、福島原発事故原因の検証は、さまざまなレベルで今進められている段階であることは誰でも知っている。政府の事故の調査委員会のレポートだって、まだまとめられてキチンと公開されてすらいないではないか。地震や津波の大きさや規模との関係で発生する被災のレベルについての判断も、新しく活断層「破砕帯」が発見され、いま見直しの作業が開始されだしたばかりではないか。さらに「過酷事故」時の放射性物質の放出がもたらす事態についての評価など、まるでなされていない。まともな技術的判断など成立する前提がまったくないのだ。にもかかわらず、「政治判断」で再稼働をスタートさせる、というのだ。だとすれば、野田のいう「政治判断」とは、〈原子力ムラ〉の利権のための「判断」であるにすぎない。結局、「ストレステスト」も、再稼働を正当化するための、インチキなコンピュータによる手続き《ゲーム》であったことは、事ここに至ればあまりにも明白である。

だいたい野田は、勝手に「事故収束」を海外に向かって宣言してみせたが（二〇一一年一二月一六日）、福島の原発事故は、まったく収束などしてはいない、この事は第一原発4号機をめぐる問題に目をやれば、すぐわかる。政府はこの危険性について隠し続けている（実はそれは海外の人びとからも、もっとも注目されている危機であることは、メール空間のやりとりを契機に明らかにされており、運動のなかでも広く語られ続けている問題である）。使用済み核燃料一五三五本が冷却され保管されているプールの存在は、〈3・11〉直後から、それがどうなってしまうのか危機感を持たれ続けていた。この問題は政府も隠し、マスコミも注目しなくなり、少なからぬ人は忘れてしまったかもしれないが、4号機の建屋は地震でダメージを受けたままの状態で、水素爆発で屋根が吹き飛んでしまっていることは知られているはずだ。それは今でも、その不安定な状態のままなのである。高放射能は、補修作業を不可能にしている。いつプールのひび割れが起き、循環水の配管が損傷してもおかしくない事態のまま放置されているのだ。地震は繰り返し起きているにもかかわらず、である。そこが水による冷却ができなくなれば核分裂反応が起きてチェルノブイリの八五倍もの放射性物質が拡散するといわれている。そうなれば当然、いまやられている1号機、2号機、3号機の防護作業も不可能ということになる。その結果、東京まで避難地域になること確実の事態が現実となるわけである。かくのごとき、今そこにある危機への対応（もちろん、危機はそれだけではない）も、まともにできずにいる政府が、ここで再稼働をスタートさせるなどということに「正気」なのかと怒りを感ずるのは、あまりにあたりまえではないのか。「国民の生活を守る」ための再稼働だと野田は言う。しかし、「国民」いや日本列島住民の「安全」のことを考えたら、再稼働などは口が裂けても言えないはずではないのか。

そこで、野田は以下のようにも主張している。「私たちは大都市における豊かで人間らしい暮らしを電力供給地に頼って実現をしてまいりました。関西を支えてきたのが福井県であり、おおい町であります。これら立地自治体はこれまで40年以上にわたり原子力発電と向き合い、電力消費地に電力の供給を続けてこられました。私たちは立地自治体への敬意と感謝の念を新たにしなければなりません」。

なんという主張であろう。日本の権力者たちは、農業、漁業を破壊する政策（急速な都市化）を推し進め、放置された過疎地に「交付金」をバラまき、原発ぬきでは生活できない状態に追い詰めてきただけではないか。福島では、そのあげくに住民のいのちも暮らしも、まるごと破壊してしまう結果をうみだした。この構造化された差別のシステムを、まだ温存しようというのが、野田のねらいである。そのための「感謝と敬愛」とは、なんと欺瞞的な言葉であろう。福島の人びとを高い放射能地帯に放置し続ける政策を取り、キチンとした補償も賠償も実現していない野田政権の言葉としては、あまりにもハレンチではないのか。

福井で「再稼働ノー」の声をあげている人びとは、再稼働されようとしている大飯原発には、「ベント施設」や「免震重要棟」（フクイチの事故では対策本部が立ちあげられている場所である）すらない「老朽炉」であること、さらに避難路すら準備されていない。要するに地震、津波対策がまったくできていない状態で、「再稼働」されようとしている事態であると訴えている。

欺瞞的な「感謝と敬愛」などではなく、野田はこの原発立地の人びとの発するリアルで切実な「不安」の声と、まず誠実に向きあうべきではないのか。

連日繰り広げられ続けている首相官邸前抗議行動のなかで、多くの声が問題にした点が、野田発言のなかでもう一つある。

「人々の日常の暮らしを守るという責務を放棄することはできません」。「これはまさに私の責任でります」という、「責務」「責任」という言葉である。人びとの命を守るという重大な〈責務〉を平然と放棄し、まったく〈責任〉など取りようもない事態をつくりだしているこの男がそういっているのだ。だから私たちが問うべき責任はこの男たちの原発推進の〈責任〉である。この「再稼働責任」を問うとき、忘れてはいけない大切なことがある。それは、野田政権のトップの政治家、官僚、電力資本家たち。とくに福島原発を認可するという責任を頬かむりしたまま（みな辞職していてあたりまえだろうに）、あらためて再稼働ＯＫのサインを出している「原子力安全・保安院」や「原子力安全委員会」のメンバーたちとともに、橋下徹たち関西地方自治体のトップたちの固有の責任をも問い続ける必要があるということだ。橋下は「関西広域連合」を代表して、テレビなどで「安全性などまったく確認できていないのに再稼働など許されるわけない！」と強い口調で断言していた。再稼働民主党と「維新の会」は全面対決すると宣言もしていた。「脱原発」は大阪市長としての「公約」でもあったはずだ。ところが彼はドタン場であっさりと「夏期限定の再稼働は必要」などと平然と寝返ったのである。この転換が野田政権の再稼働政策にはずみをつけたことは、まちがいない。

私は、あのかつての侵略戦争のシンボル「日の丸」と天皇の世を永遠にとの歌「君が代」を、学校の儀式で教師、生徒に暴力的に強制し（拒否する教師の「思想および良心の自由」を処分をちらつかせて公然と侵し）ている、人権感覚ゼロ（ウルトラな国家主義）のこの政治家の「脱原発」発言を、それなりに評価する人が、私たち脱原発運動のなかにも存在することに、少し苛立っていた。

だから、橋下のご都合主義的な〈原子力ムラ〉への加担を示すいかにも彼らしい大転換にも、少しも驚くことはなかったが、橋下が「期間限定」再稼働に転ずると、マスコミはすぐ大飯を突破口に、次々と再稼働しようという野田VS「夏期限定」の「維新の会」橋下という対立の構造をクローズアップしてみせた。このマスコミのイメージ操作のインチキさのほうには驚いた。本当の対立は再稼働に反対する脱（反）原発VS〈野田・橋下の再稼働〉である。橋下のイメージダウンはさせまいというマスコミの政治意思は明白である。橋下［維新の会］をクローズアップし続けてきたマスコミ。次の権力を彼らにという〈ハシズム〉人気あおりの支配者たちの一部の黒い意思は、そこにもよく読みとれる。ゾッとするうそ寒い気分になったのは私だけではあるまい。

2 〈原発責任〉

〈原発責任〉の問題で、あえて橋下についてふれたのには、理由がある。〈3・11〉の大惨事以降、民営の国策として巨額のカネを振りまいて原発を推進してきた〈原子力ムラ〉の人びと。そのムラを中核としてそれを取り巻いた政治家、官僚、資本家（電力企業）、マスコミ、御用知識人（文化人）のなかから、その歴史的責任を公言し職を退いた人間（その大量殺人で処分された人物）は、ほぼゼロという〈無責任の体系〉である戦後日本国家・社会。このグロテスクさをこそ実感してきた私は、地方権力のトップにいて関西電力の大スポンサーであった橋下らも、もともとその歴史的責任の外にいた人物などではないことをハッキリさせるべきだと考えたからである（だいたい「維新の会」は元自民党議員が大量になだれこんで成立している）。

橋下の「脱原発」発言などに二度と幻想を持つべきではない。このことを強調しておきたかったからだ。

六月一一日、福島現地の人びと（一三二四人）によってつくられた「福島原発告訴団」が福島地方検察庁へ告訴、告発状を提出した。刑事告訴（告発）の対象は、団体は東電で、あとは三三人の個人である。東電の会長勝俣恒久を含め東電のトップたち一五名、原子力安全委員会の委員長班目春樹を含め委員会関係六名、原子力安全・保安院前院長寺坂信昭を含め文科省官僚など六名、山下俊一を含め御用学者三名という内容。ストレートに問うべき責任者のみにしぼりあげたリストといえよう（あれだけ〈安全キャンペーン〉を展開し続けたマスコミの責任がはずされているのはとくに残念）。告訴人一同の「声明」が発せられている。

「今日、私たち1324人の福島県民は、福島地方検察庁に『福島原発事故の責任を問う』告訴を行ないました。／事故により、日常を奪われ、人権を踏みにじられた者たちが力をひとつに合わせ、怒りの声を上げました。／告訴へと一歩踏み出すことはとても勇気のいることでした。人を罪に問うことは、私たち自身の生き方を問うことでもありました。／しかし、この意味は深いと思うのです。／・この国に生きるひとりひとりが大切にされず、だれかの犠牲を強いる社会を問うこと／・事故により分断され、引き裂かれた私たちが再びつながり、そして輪をひろげること／・傷つき、絶望の中にある被害者が力と尊厳を取り戻すこと／それが、子どもたち、若い人々への責任を果たすことだと思うのです。／声を出せない人々や生き物たちと共に在りながら、世界を変えるのは私たちひとりひとり。／決してバラバラにされず、つながりあうことを力とし、怯むことなくこの事故の責任を問い続けていきます」。

日本国家・社会の伝統的な〈無責任の体系〉体質を変えていくための、重要で切実な一歩が力強く踏み出されたのだ。もちろん〈原発責任〉は、一人ひとりの責任のレベルと性格の違いをキチンと踏まえながら、より広くかつ深く問い続けられなければならないはずである。私は〈責任〉への問いは、刑事裁判という土俵では問えないレベルの問題を含めて、思想的に問われるべきだと考えている。

民営の国策である原発をめぐる問題は、戦争と似ている。安全神話（「平和利用」神話）は「聖戦」イデオロギーであり、マスコミは「大本営」発表と同一のレベルのデマをたれ流し続け、資本主義体制の原理的批判者であった社会主義者、共産主義者も、こぞってこの核の「平和利用」イデオロギーに巻きこまれてしまっている時代がある、いや、よりそのイデオロギーを「転向左翼」同様により主体的かつ積極的に担い続けた。

たとえば、〈3・11〉以後、脱（反）原発の姿勢を鮮明にし、シャープな原発批判の声をタイムリーに発し続けている代表的戦後雑誌である『世界』。この『世界』も長期的に「平和利用」キャンペーン雑誌であり続けてきた過去を私たちは忘れるわけにはいくまい。もう一つの代表的な戦後雑誌、戦後進歩派の声を広く結集し続けた今はなき『思想の科学』も同様である。

私たちは未来へ向かって力強く動きだしている脱（反）原発運動のなかでこそ、かつての主観的には体制批判の言論がなぜ、どのように核科学、技術体制翼賛の思想になり果ててしまったのかを、歴史的思想的に問いなおす作業を試みるべきだと思う。

そういう〈原発責任〉論も必要だと私は考え続けてきた。少なからずマスコミも加担してつくりだされている「脱原発」、「脱原発依存」のムードの拡大のなかで、私たちの〈脱（反）原発〉の思想的内実が問われ出しているのだ。

この問題を考える具体的手がかりとして、この間、話題を呼んでいる右翼の「脱原発」論議についてふれよう。小林よしのりは連載漫画『ゴーマニズム宣言』で、精力的に原発〈原発ムラ〉批判を展開し続けている。彼は日本核武装論者である。もう一人の核武装論者である西尾幹二がこの間の脱原発右翼の中心イデオローグである。この橋下同様の「日の丸・君が代」強制などあたりまえの「国家（天皇）主義者」のこの間の発言をまとめた『「平和主義」ではない「脱原発」』を読んでみた。

そこには、私たちの脱（反）原発運動を暴力的に脅迫し続けている「原発の火を消すな」右翼とはひと味違った主張が展開されている。原発の危険性を正面から問題にし、御用知識人、マスコミを含めた〈ムラ〉利害共同体のためのホラ、デタラメを激しく批判し続けている点は、私たちと同じである。しかし、あたりまえであるが、決定的なところが違う。

「原発はもともと原子力潜水艦用の原子炉を陸揚げし、民事転用したものに始まり、従って最初運転は米海軍が主導していた」。

「原発は軍事と切り離せない関係にある。否、すべての技術開発は軍事と不可分である。日本の戦後の科学技術の発展は戦前あっての話である。原子力の平和利用というのは、いいとこ取りの虫のいい話に外ならない。しかしアメリカから非軍事の厳格な拘束衣を着せられ、経済的にみすみす不利と分かることも強いられるかと思うと、危機のレベルが分からない甘さから取り返しのつかない火傷を負うことにもなる。福島第一原発の事故よりもプルサーマル計画や高速増殖炉のほうが、国民にこれから蔽いかぶさってくる重圧はずうっと大きいだろう。／日本は科学技術の未来を信じて、とんでもない災厄を背負い込んでしまったのだ」。

原子力（核）は軍事と民事が一体化した技術で「平和利用」などというのは「いいとこ取りの虫のいい話である」というのは、まったくそのとおりであろう。「プルサーマル計画」や「高速増殖炉」という、プルトニウム保持のための計画は、私たちにとってとんでもない「重圧」だというのもそのとおりである。

西尾は、さらにこのように述べている。

「自民党の故中川昭一氏は北朝鮮の核実験に際して、わが国も核武装について論議を開始しようと言ったら、ライス国務長官（当時）がすぐ飛んで来て、日本はアメリカの『核の傘』に守られているから安心しなさい、とわざわざ言いに来た。ブッシュ前大統領は『中国が心配する』と同盟国の名を間違えるようなことを言った。そして、国内でも議論が沸騰し、新聞もテレビも日本の核武装を――主として否定的に――論じ合った。そのなかで、自民党の石破茂氏が核武装などとんでもないとテレビで反論したが、そのときこう言った。／『もし日本が核武装したいと言ったら、ウランを売ってくれなくなり、原料の濃縮もしてくれなくなり、原子力発電はたちまち止まって、わが国の産業は壊滅してしまうだろう』／私はこのことばを今でも忘れない。なるほど原発という人質を取られているのだな、とその時ひとり合点したのを覚えている」。

西尾が力説しているのは、ジャボジャボ金をふりまく、危険きわまりない原発政策をやめて、「人質」を消滅させて、スッキリ核武装へ向かうべきだという「核武装のための脱原発論」である。(1)

核保有国を五ヵ国に限定し、それ以外の国の核保有を禁止したNPT（核拡散防止条約）に署名している日本は、合法的核保有国アメリカに、「平和利用」のみであることを証明し続けなければいけない立場にあることは事実である。しかし自民党を中心とする日本の権力政治家たちは核武装を考えなかったわけではない。

二〇一〇年一〇月に放映された「NHKスペシャル」というドキュメンタリー番組（「〝核〟を求めた日本――被爆国の知られざる真実」）は、佐藤栄作政権下で、核武装のためのプログラムが本気で探求されていた事実を明らかにした。この時代の一つのゴールが、公然たる核武装の断念であり、NPT体制のとりあえずの参加であった（ただし、核兵器製造の経済的・技術的ポテンシャルは常に保持することを目指しながら)。「ポテンシャル」を保持するためには原発がつくりだすプルトニウムがどうしても必要だったのである。技術的に不可能と判断して欧米でも手を引いた高速増殖炉に執着し続けたのも、福島事故でプルトニウムの恐怖をふりまく結果になったプルサーマル計画に踏みこんだのも、そのためである。(2)

日本の権力政治家や外務省のトップたちは、NPT体制の内側からなんとか「潜在核武装国家」から核武装国家へと通路を切りひらこうという意思があるのである(これだけ大量のプルトニウム保持を、なんとかアメリカに認めさせてきたのだから)。ゆえに、「原発」は巨額なマネーに支えられた「国策」でありえたのだ。

西尾がアメリカにおびえる石破発言を引いている。ここでもう一つ別の石破発言を引こう。二〇一一年八月一六日のテレビ番組での発言である。武藤一羊が『潜在的核保有と戦後国家』で紹介している。

「原子力発電というものがそもそも原子力潜水艦からはじまったものですので、日本を除くすべての国の原子力政策は核政策とセットなわけですね。ですけども日本が核をもつべきだとは思っていません。しかし同時に日本は作ろうと思えばいつでも作れる。一年以内につくれる。それは一つの抑止力であるのです。それをほんとうに放棄していいのかということは、それこそつきつめた議論が必要です。私は放棄すべきだとは思わない。なぜなら日本の周りはロシアであり、中国であり、北朝鮮であり、そしてアメリカ合衆国であり、同盟国か否かを捨象して言えば、核保有国が廻りを取りかこんでおり、そして弾道ミサイル技術をすべての国が持っていることを決して忘れるべきではない」。

この文章を引いた後、武藤はこう論じている。

「福島原発破綻のあとで、石破のすがりつくような訴えは虚ろに響く。未練がましい負け惜しみとも響く。抑止力としての潜在的核保有能力はいかなる状況で、誰に対してどんな抑止力として働きうるだろうか。それが役に立たないことは六〇年代後半からの四〇年ですでに実証済であり、その意味での原子力はすでに石破のような軍事フェチ集団のお守り札に過ぎなくなっているのではないか」[3]。西尾は、そんな危険で金がかかりすぎるうえに役立たずの「お守り札」(原発)など捨てて、「潜在」コースではなく、スッキリと正面から核武装しようと呼びかけているのだ(NPTを脱け、アメリカと対決してとまで主張していない点に注意)[4]。

広島、長崎、ビキニそして福島へ。被爆大国日本にいる私たちの〈脱(反)原発〉はとめどない被爆被害の拡大を、少しでも阻止していこうという思いに支えられているはずである。被爆(放射能)被害に国境も国籍もない。「核武装大国日本のための脱原発」などという主張と「脱原発」で一緒などと平然としていられるわけもあるまい。

私たちの〈脱(反)原発〉は必然的に〈反原爆、反核武装〉でなければならないはずである。原発と原爆の問題を切り離して論じてはいけない。〈核廃絶〉へ向けた脱(反)原発の論議を広くつくりだしていかなければならない状況にこそ今ある。「核武装のための脱原発論」の公然化を前に、強くそう思う。その意味で、私のいう〈原発責任〉論はそのまま〈核責任〉論である。

註

(1) 西尾幹二『平和主義ではない「脱原発」――現代リスク文明論』(文藝春秋社、二〇一二年一月)

(2) このNHKスペシャル取材班は後に本をまとめている。『〝核〟を求めた日本――被爆国の知られざる真実』

（光文社、二〇一二年一月）

（3）武藤一羊『潜在的核保有と戦後国家――フクシマ地点からの総括』（社会評論社、二〇一一年一〇月）

（4）六月二〇日に成立した原子力規制委員会設置法の付則に原子力基本法「改正」が盛り込まれ、「我が国の安全保障に資する」との目的が追加された。そこには「潜在的核武装」の政治意思の持続が示されていると、私たちは読むべきであろう。

（『ピープルズ・プラン』五八号、二〇一二年七月六日）

原爆の死者は「平和利用」のための礎！
――「8・15反靖国」行動へ向けて

七月二七日、「反天連」も参加している「再稼働反対！全国アクション」は、「『原子力規制委員会』人事に異議あり！「原子力ムラ」から選ぶな！」官邸前アクションを緊急に呼びかけた。

福島原発事故を起こしてしまったことを反省し、推進と規制が一体化している、デタラメな制度を変え、推進と規制をキチンと分離し、独立した「原子力規制委員会」をつくる。そう政府は言ってきた。しかし、現実の人事は、五人の委員のなかに原子力ムラ（利権の関係者）が三人もいる（特に実質的に権限が集中する委員長候補が田中俊一という、ムラの中枢を担ってきた人物である）、このことに大きな抗議の声を上げるための行動であった。

あれだけの事故（まだ終わりようもなく続いている）の責任を取らずにきた人びとが、まだ原発推進のために公然と動きだしているのである。この国はトコトンおかしい。この人事に、なんら批判的でなかったマスコミも、本当にどうかしている（私たちの抗議の声の拡大以後、トーンが変わってきたメディアもあるが）。

『わだつみのこえ』一三六号（二〇一二年七月一五日）の巻頭言で松浦勉は、以下のように論じている。「まず気になるのは、三・一一をめぐる最近の大新聞や大手テレビ等マス・メディアの報道のあり方である。／彼らは、沖縄の米軍基地の温存・固定化と『消費税』増税ありきの『税と社会保障の一体改革』報道を加熱させる一方で、『原発ゼロの日本』を求める世論の広がりに便乗して、問題を『脱原発』か『原発再稼働』かの二者択一に矮小化し、その政治的判断と責任を民主党政権に押し付けようとしている。／しかし、東電をはじめ大手電力会社を大口スポンサーと崇め、原発の危険性に警鐘を鳴らす学者・専門家を無視して、原発の『安全神話』を垂れ流し続け、国と電力会社が進める原子力政策を推進してきたのは、まさに、これらのマス・メディアであった。その手前、彼らは福島原発事故の発生当初より自己の責任には口を噤んで、この事故に重大な責任を負う関係者（東電や通産・財務省幹部、自民党族議員、歴代県知事、東電から研究費を貢がれていた御用学者など）への国民の怒りを巧みにそらすことに腐心し、今のところこれに見事に成功しているように見える。／こうして、福島原発事故の責任の究明と追及の動きは、ドイツやイタリアのように、政策転換を促す脱原発の大きな輿論をつくりだすことなく、全般的に低調のまま推移してきたのが、この一年ではなかったか」。

ようやく再稼働反対を軸に、〈脱原発〉の大きなうねりが、現実のものとなりつつある今、〈責任論〉の視角の欠如を問う、松浦のような主張をこそ私たちは共有して、運動を持続すべきである。

この「同じ過ちをくりかえすな――原発災害責任と戦争責任」のタイトルの論文の結びは、こうである。

「……三・一一以後の諸課題に積極的に応答し、そのための具体的な行動をとりつつ、『第二の敗戦』ともいわれる原発震災以降（戦後責任）に真正面から向きあうことは、八・一五以降（戦争責任）に向きあうことでもあろう」。

〈戦争責任〉を問うことをふまえ〈原発責任〉を問い続けること、こういう運動（思想）的視座を、私たちも自分たちのものにしていかなければなるまい。

今、例年どおり、「八・一五反靖国」行動に向かう私たちが踏まえておかなければならない、〈3・11〉以降、クッキリと視えてきた、もう一つの問題がある。

『わだつみのこえ』（同）に福間良明が「『継承』と『忘却』――『八・六』の祝祭と『平和利用の夢』」を書いており、そこで、こう論じている。

「一九五七年八月六日の『中国新聞』では、東海村に建設された日本原子力研究所の原子炉の稼働が報じられているが、そのなかで以下のように被爆した死者たちが想起されている。

原子力が悪魔のツメとなって、広島、長崎にきえぬ傷跡を残してから満十二年。悲しみを新たに、平和への祈願をこめる記念式典が行われるのと期を同じくして、茨城県那珂郡東海村、日本原子力研究所に完成したJ・R・R1号（日本研究用原子炉一号）が、原子力平和利用へのスタートとして、静かな、目に見えない『第三の火』を燃やしはじめようとしている。その火は熱出力わずか五〇キロワットのかすかなものであるとはいえ、原子力が今度われわれを果てしない希望と光明の新しい時代へ導くまばゆいかがり火であり、原爆犠牲者に対する何よりの法灯だといえよう。

そこでは、死者の死が『原子力平和利用』の礎として意味づけられている。『平和利用』は、死者の霊を慰めるものとして見出されていたのである」（傍点引用者）。

戦死者を「平和のための」死者と位置づけ続ける天皇と首相のメッセージにつつまれた八・一五式典。それに抗議の声を発し続けてきた私たちは、原爆の死者を「平和利用」のための死者と位置づけてきた欺瞞のロジックをも、歴史的に重ねて批判し抜かなければなるまい。

（『反天皇制運動モンスター』三一号、二〇一二年八月七日）

核武装をも射程に入れた戦争国家づくり（改憲策動）を許すな！
――「原子力基本法」改悪・「自民党改憲草案」批判

「日本固有の領土」などという国際法に存在しない珍妙な概念をふりかざし、「尖閣諸島」の「国有化」の方針をうちだした、愚かな愚かな野田政権は、ついに「領土ナショナリズム」での韓国・中国との激突という、恐ろしい状況をつくりだしてしまった。

この政権は、実は右翼グループを中心にかたまった自由民主党との「擬似連立政権」（裏の交渉で進められるため、「連立」よりタチの悪いそれ）であることは、自民党政権がやり残した悪政を、着々と実現しようとしている点に、鮮明に読みとれるはずである。

八月一七日の『朝日新聞』は、六月に改訂された「原子力基本法」に「我が国の安全保障に資する」という新しい目的が盛り込まれてしまったことの問題を、あらためて大きく問題にしている。そこにはこうある。

「原案は昨年12月に始まった自民党のプ、ロ、ジ、ェ、ク、ト、チ、ー、ム、（PT）＝座長塩崎恭久衆院議員＝がつくった」。「PTの事務局長を務めた柴山昌彦衆院議員によると、PTでは、強い権限ですべての規制業務を束ねる米国の原子力規制委員会（ＮＣＲ）に日本も倣うべき、という声が強かったという。／柴山氏は『原子力安全と保障処置を合わせて「安全・保障」業務を一元化を担う観点からこの文章を入れた』と説明する。ＰＴには党の関連部会長など17人が参加し、会議を21回ひらいたが、『安全保障』の表現は議論のテーマにならなかったという」（傍点引用者）。

「その後、衆院法制局との調整が行われ、設置法案との整合性を取るため、原子力基本法も改正して『我が国の安全保障に資する』の言葉を盛り込むことにした。／法案は公明党と共同で国会に提出された。規制組織の設置を急ぐ政府・民主党がこれをほぼ丸のみし、3党案として改めて国会に提出。衆院環境委員会で『安全保障』の言葉遣いが議論になったが、『非核三原則を覆すものではない』とする付帯決議をすることで、6月20日に原案のまま成立した。実質審議はわずか3日間だった」（傍点引用者）。

「原子力規制委員会設置法案」づくりのゴタゴタに対応させて、姑息きわまりない手段で巧妙に、日本の核兵器開発の法的根拠がつくりだされてしまったのである。これの政治的ヘゲモニーをとっていたのも「自民党」のほうであったことは、この三党案成立のプロセスを読めば、よくわかる事実だ（核燃料サイクルと原発体制の維持こそが日本の「潜在的核武装」国家であり続けるための前提であることの公然化）。「潜在」の政治的ベールとして、まったく空洞化している「非核三原則」が活用されているだけなのだ。

野田政権と裏で組んで暗躍している、右翼ヘゲモニーが貫徹している自民党の動きに私たちは注目しておかなければなるまい（野田自身が神道政治連盟系の伝統主義右翼といえる人物である）。こうした状況は、自民党の右翼政治家のエース、安倍晋三元首相の名前があらためてマスコミにクローズアップされてくる不気味な事態を必然的にうみだしている（橋下・維新の会との接近の動きが公然化しだしているのだ）。任期中での明文改憲を公言し、みじめに挫折したあの男である。

この安倍ら自民党は、四月二七日付であらためて「日本国憲法改正草案」をつくっている。「日の丸」「君が代」を「国旗」「国歌」とし、それの尊重義務を明記（第3条）、天皇を「元首」と規定（第1条）した、天皇制国家としての政治的トーンの強化、「国防軍」の保持を明記（第9条）、「軍事裁判」も「軍事機密」というかつての軍隊そのものの性格（制度）も当然にも復活させた、戦後憲法の平和主義の原則を全面的に否定した、突出した国家（軍事）主義的「改正」プランである。

必然的にそのプランは、国家の支配者の権利の乱用をチェックする国民の権利（人権）の尊重という立憲主義の基本理念は消滅させられ、やたらと「国民の責務」が強調され、「国家緊急権」といった国（軍隊）が人びとの権利を勝手に制限できる権利規定が全面化している。そのくせ、とってつけたように「障害」者差別の問題（第14条・44条）や、個人情報の保護（第19条の2）や「犯罪被害者やその家族」への人権への配慮（第21条）を新たに書きこんでみせている。

軍隊をもち戦争をやる国家になれば、障害者は大量につくりだされ、人びとの権利はその国家の軍事活動によってメチャクチャに踏みにじられることは、歴史体験的に明らかであるにもかかわらず、である。平和憲法の全面破壊、戦争国家宣言ともいうべきこの自民党改憲案が、自民・民主をこえた第三極の政治（政局は選挙をはさんでマスコミのバックアップの下、そちらの方へスライドさせられようとしている局面であることはまちがいあるまい）、それの内実は、「戦後憲法」全面否定の「戦争国家宣言」（改憲）政策である。

「領土問題」をめぐっても、軍事対決も辞さないといったムードが権力政治家やマスコミによって不気味につくりだされている。この状況を、どのように押し戻していくか、私たち「反『改憲』運動」にとっても正念場である。

核武装をも射程に入れた戦争のできる国家づくり（改憲策動）が今、本格的にスタートされようという、ピンチな状況であることをふまえ、あらゆる運動課題のなかに、あらためて私たちは〈反改憲〉の声を拡大し抜いていかなければならないのだ。

（『反改憲運動通信』第八期五・六号、二〇一二年八月二二日）

9・11経産省・規制委員会包囲アクションと9・16「原子力ムラの責任を問う」シンポへの結集を！

私たち（「再稼働反対全国アクション」事務局を担っている「〈反改憲〉運動通信」事務局の私たち）は今、九月一一日の経産省・規制委員会包囲アクションと九月一六日の「原子力ムラの責任を問う」シンポジウムづくりをスタートさせている。

放射能たれ流しの東電福島原発事故を収束させる見通しなどまったくつかない状況下で、勝手に「収束」を宣言し、国際社会へのメンツだけたててみせた野田政権。その政権はインチキ「収束」宣言をテコに、関西電力大飯原発（福井県）3・4号機を、全国で噴出している「再稼働NO！」の圧倒的声を無視して再稼働させてしまった。さらにその上、各地の安全評価（ストレステスト）の第一評価を承認し、各地の原発を再稼働させるための「原子力規制委員会」づくりへと向かっている。

この「規制委員会」は、環境省の外局としてつくられる。同省は大気汚染や水質汚濁の防止など「規制側」の分野を多く担っており、役所のなかでは原発推進の経産省と距離がある。そしてその環境省は、これまでの「原発から環境中に放射能が大量に放出されることはない」という姿勢を改め、放射性物質を含めるよう「環境基本法」を改正する方向と合わせて、規制の全般は原発推進の経産省内の「原子力安全・保安院」が担う、という推進と規制が同居する今までのシステムを正し、規制の全般は「規制委」（委員長）が担うものにする（安全・保安院は解散）。こういう政府とマスコミの説明だけ聞いていると、新たに「原子力規制委員会」がつくられることは、何か積極的なことのように見えてくる。しかし、付け焼き刃の「安全基準」をデッチ上げて「政治判断」（「原子力ムラ」の利害のために！）で大飯原発を再稼働した野田政権と自民党の談合でつくられようとしている「規制委」がまともなはずがない。

その点は、任期中は首相でも罷免できない高度に独立したポストである委員長の候補にあがっているのが、なんと前原子力委員会委員長代理の田中俊一であることに、よく表現されている。田中は福島原発事故の直接の中心責任者の一人である。なんという無責任感覚。もちろん、仮に少しはまともな人選であったとしても「規制委員会」自体が原発推進のための機構であることに変わりはない。〈原子力ムラ〉の論理からすれば、あたりまえの人選なのだろう。しかし、もはや私たちはこんな人選を許すわけにはいかない。さらに抗議の声で、経産省（規制委）を包囲しぬこう。

原発ゼロを目指す私たちは、「規制委員会」という〈原子力ムラ〉の土俵にのって運動を進めるべきではない。その土俵自体を拒否し抜く方向へ突き進むべきである。「規制委員会」ではなく、政府に「廃炉委員会」をこそつくらせていかなければなるまい。

九月一六日のシンポでは、長く隠され続けてきた原発労働者の被曝問題をこそ、鋭く問題にし続けてきた、双葉地方原発反対同盟の石丸小四郎さんのお話を聞く。この持続的に「経産省」のインチキとホラにまみれた原発「安全」政策と闘い続けてきた石丸さんに体験をレポートしていただき、「東京新聞」の特別報道部のデスクとして、マス・メディアの中で例外的にまともな記事をうみだし続けている田原牧記者にも「規制委員会」の問題を話していただく。

経産省・規制委員会を抗議の声で包囲し、新たな再稼働は一つも許さず、大飯原発3・4号機も、あらためてストップに追いこむ。そのために〈原子力ムラ〉の責任を徹底的に問い、このようなインチキ人事を粉砕しよう！

（『反改憲運動通信』第八期七号、二〇一二年九月五日）

「日本固有の領土」なんてものはない！——「愛国《ナショナリズム》（排外）主義」の洪水の中で

今年の八月一五日の、私たちの「排外主義と天皇制を問う、反『靖国』行動」は、またもや、右翼のデモ隊への乱入を、あたりまえのように黙認している警察による私たちのデモ隊への暴力的規制によって、大混乱という状況であった。そのデモ隊への排外主義的暴力は、主に領土問題をめぐる、日本全体をおおう、「愛国」ナショナリズムの集中的表現であろうと、私たちは実感しながら、この日の「行動」をかけぬけた。

この日、「尖閣諸島」（釣魚諸島）に上陸した台湾人七人を含む一四人を沖縄県警が逮捕。石原都知事が、そこを東京都が買おうと動きだし、野田政権は、それをうけて国が買うということになり、日本の実効支配を黙認していた中国を挑発した愚行は、台湾のナショナリストの激しい抗議行動をも引き出してしまったのである。

この件を一面トップで大々的に報道している翌日（八月一六日）の『朝日新聞』は、野田政権の「尖閣諸島が我が国固有の領土であることは歴史的にも国際法上も疑いない」という立場を強調していると同時に、「竹島」に上陸してみせた韓国の李明博大統領の言動へ、その政権が強い不快感を示したと報道している。

そこには李大統領の、天皇が「訪れたいなら、独立運動の犠牲者に謝るのがよい」、さらに「旧日本軍従軍慰安婦問題の解決と謝罪」を求める、という発言について野田首相は「理解に苦しむ、遺憾だ」と批判の回答を示したということが、きわめて当然の対応としてレポートされている。

この日の「天声人語」は、「『殿、ご乱心』などという。暴走を始めた権力者は手に負えず、国民と周辺国に災いをもたらす」と「けんかを売るに等しい」と強い口調で李大統領（韓国）を非難している。こういう自国の政府の「暴走」については、いっさいふれず、ひたすら隣国のナショナリズムをまったく不当と非難する姿勢は、テレビ・新聞各紙などの全マスコミがまさに「挙国一致」である。

考えてもみよ。あれだけの天皇制帝国に侵略戦争・植民地支配を受けた被害者たちが、象徴天皇にモデルチェンジして戦争責任をいっさい取らずに延命している天皇（制）に「謝罪」を求めるのも、天皇の軍隊の慰安婦にされた人々へのあたりまえの補償も、日本政府としての謝罪もしていない事実を批判するのも、その限りでは、まったくあたりまえの要求ではないか。「理解に苦しむ」のは日本政府・マスコミの姿勢の方である。

領土問題についても「けんかを売り」、戦争を挑発しているのは野田政権（そして日本のマスコミ）

の方である。

だいたい「尖閣」についても「竹島」についても、「日本固有の領土」であることは自明、領土問題は存在しないという野田政権のスタンスは、現実に起きている領土問題については外交交渉をいっさいしないとの宣言なのであるから、軍事対決を呼び込もうという政治姿勢以外のナニモノでもないのではないか。その姿勢を問わずに、日本「固有の領土」との強弁を全面的にバックアップしているマスコミは、「戦争」ムードを煽り続けているだけである。

豊下楢彦はこう述べている。

「ところで、尖閣問題が論じられる際に枕詞のように使われるのが『固有の領土』という言葉である。北方領土や竹島の場合も含め、今や日本においては『固有の領土』は疑問の余地なき概念として使われている。しかし仮にこの概念が国際社会でも適用するとした場合、英語で何と表現されるのであろうか。例えば外務省は、日本領土の integral part（不可分の）とか、日本領土の inherent part（本来の）という表現を用いているようである。しかし、主権国家が成立して以降も絶えず国境線が動いてきたヨーロッパにおいて『固有の領土』という概念は存在しない。というよりも、そもそも『固有の領土』とは国際法上の概念ではまったくなく、北方領土、竹島、尖閣といった領土紛争を三つも抱え込んだ日本の政府と外務省が考え出した、きわめて政治的な概念にほかならないのである」〈傍点引用者〉（「『尖閣購入』問題の陥穽」『世界』八月号）。

この政治的な概念が隠蔽しているのは、天皇制帝国日本の侵略戦争と植民地支配の歴史である。

国富建治は「私たちは、『竹島』や『尖閣』の日本による領有宣言が朝鮮や中国への近代天皇制日本国家の侵略・植民地支配の歴史と、決して切り離せるものではないことを確認すべきだ」（「『竹島』『尖閣』＝『固有の領土』論のウソを暴き、排外主義との対決を！」（『反安保実NEWS』三四号、九月六日）と強調している。

私たちは、マスコミがふれようとしない、この歴史的事実をこそふまえて、問題を冷静に考え、排外（愛国）ナショナリズムと対決していかなければなるまい。

一〇月三日の『朝日新聞』に「尖閣列島戦時遭難者遺族会」会長の慶田城用武の、以下の言葉で結ばれたインタビュー記事がある。

「石原慎太郎都知事の尖閣諸島購入を支持する人々は、日本の主権を守るためだと言っていました。だけど米軍に治外法権的な特権を与えている日米地位協定によって、米軍人や軍属による事件や事故の被害者は泣き寝入りさせられてきました。主権が侵されている、改定してほしいと私たちはずっとお願いしてきましたが、主権を声高く言う人たちは本気で動いてくれたでしょうか。地元の反対を押して強行されるオスプレイの配備に反対の声をあげてくれたでしょうか。万が一、中国と事を構えることになった時、国境を接する私たちの生活がどうなるのかを本当に考えてくれたことがあるのか。／遠くにいる人ほど、大きな声で勇ましいことを言える。その結果生じた『ツケ』はまた、私たちに回ってくるのでしょう」（「筆舌に尽くせぬ死　政治に利用するな　ツケは私たちに」）。

マスコミの一部にも、やっと露呈しだした、こういうまっとうな声にこそ耳をかたむけながら、私たちは、日本列島をおおうナショナリズム・ムードを内側から突き崩し続けていかなければなるまい。

（『反天皇制運動モンスター』三三号、二〇一二年一〇月九日）

オスプレイ・原発再稼働問題からみえる戦後〔象徴天皇制〕国家の〈正体〉

元外務省、国際情報局長孫崎享の『戦後史の正体1945-2012』（創元社）が、この間、たいへんな売れゆきらしい。そこに示されている歴史分析は、日本の戦後国家の基本政策は、実は米国の世界戦略（対日戦略）によって決定されてきたという事実であり、米国の戦略に抗おうとした日本の首相らは、歴史的に米国の圧力によって政治的にパージされ続けてきたのであるという物語である。

この提起を私たちは、まともに正面から受けとめて戦後国家の歴史について再検証してみなければならない状況下に、今いる。そう考え出した人が大量にうまれているという事態が、この本がベストセラーになっていることに象徴されているのではないか（もちろん、米国世界戦略からの相対的自立志向の政治家としての孫崎が持ち上げる、岸信介、佐藤栄作、鳩山一郎、田中角栄……といった首相たちの名前を前にして、アメリカ離れを思考した彼らの国家・社会ビジョン自体が、私たちにとってまったく共感できるものなのではないという、もう一つの重要な側面を忘れるわけにはいかないのだが）。

日本国家の基本政策は、主権者とされる日本「国民」の意思によって決定されるというのが、戦後民主主義国家の理念（タテマエ）であった。しかしそれは、アメリカの支配者の意をくんだ、日本の政治家・官僚・資本家たちによって決定され続けてきたのではないか。それは、そういう政策決定がある局面でいくつかあった、というような問題ではなく、「アメリカ」という外部の力による決定というシステムこそが、戦後日本国家の基本構造ではないか、という問題である。

敗戦・占領の時間、ヒロヒト天皇の権威の上にのったマッカーサーは、天皇制の延命を願った日本の支配者たちの希望をくみこみ、象徴天皇制というスタイルの変換によってそれを延命させた（戦争責任はいっさい問わず）。天皇制は、沖縄売り渡しの「天皇メッセージ」（これこそが現在の米軍基地にあえぐ沖縄をつくりだす起源にあるものだ）で、これに答えた。かくのごとく、戦後の象徴天皇制国家は、アメリカじかけでつくりだされてきた。日米安保体制という軍事同盟を戦後国家の「国体」としてつくりだすために、吉田政権下でヒロヒト天皇自身が「裏」で暗躍したことは、この間、多くの人びとが根拠をもって指摘している、公然たる事実である。

現在、アメリカ国内では、訓練することすらできない危険きわまりない米軍のオスプレイ配備と訓練が、岩国から沖縄入りしたオスプレイを皮切りに、全国的に展開されようとしている。日本政府は「老朽化した航空機の新しい機種への更新」は米軍の勝手であり、基本的に日本政府がとやかくいうべきことではないという論理で、まず受け入れを前提に、アメリカと協議をしてみせた（それが日米安保体制だといいながら）。沖縄は島ぐるみで大きな反対の動きを持続し、「本土」の関係自治体もこぞって反対のハッキリとした声をあげているにもかかわらず、それはまったく無視されている。住民の「命」より、米軍の都合優先の政治が、ここでも露骨に示されているのだ。

九月二二日の『東京新聞』の一面に大きく、「閣議決定回避　米が要求」の大見出しの記事。「野田内閣が『二〇三〇年代に原発稼働ゼロ』を目指す戦略の閣議決定の是非を判断する直前、米政府側が閣議決定を見送るよう要求していたことが二十一日、政府内部への取材で分かった。米高官は日本側による事前説明の場で『法律にしたり、閣議決定して政策をしばり、見直せなくなることを懸念する』と述べ、将来の内閣を含めて日本が原発稼働ゼロの戦略を変える余地を残すよう求めていた」。

一度決めていた閣議決定をたちどころに野田首相が撤回したのは、日本の財界のプレッシャーのみならず、アメリカの権力者の強力な介入があったからなのである。

野田政権の、日本列島住民全体の「命」の危険を無視した、狂気の原発再稼働の動きの裏にも、アメリカの黒い大きな意思が存在し続けている。私たちの運動はアメリカじかけの象徴天皇制国家の「正体」を正面から見据え続けるものでなければなるまい。


(『反改憲運動通信』第八期一一号、二〇一二年一一月七日)

あらためて〈天皇メッセージ〉の責任を問おう!
──アキヒト天皇の「海づくり大会」沖縄訪問反対行動のなかから

私が直接関連する範囲で実感できることであるが、〈3・11原発震災〉以後の、多様で空前の大衆性を持って噴出し続けている〈脱・反原発〉運動のエネルギーの中に、二つの重要な運動体=組織が、この間、あいついで結成された。一つは一一月九日に結成された今まで無視され続けていた〈被ばく労働者〉の問題をこそ中心にすえた「被ばく労働を考えるネットワーク」であり、もう一つは一一月一〇日に大間、志賀、泊、伊方、島根、柏崎刈羽、浜岡などの原発現地からかけつけた人びとをも含めて結成された「再稼働阻止全国ネットワーク」である。

この反原発運動の忙しさ(私の主な活動は再稼働反対行動であるが)に追いまくられてすごすうちに、「復帰四〇周年記念事業」の一環としての「全国豊かな海づくり大会」(沖縄・糸満)への天皇アキヒトの参加という政治イベントの日が目の前にせまってしまった。

沖縄で抗議の声をあげている人びとに、「本土」から呼応する動きをなんとかつくりだそうと、私たちは「基地づくり！　海づくり？　天皇の沖縄訪問反対！」の声をあげるための文字通りの「緊急行動」づくりに向かった。

一一月一七日、あいにく雨であった。雨のなかの銀座デモは、スタートでつまづいた。右翼の妨害は繰り返され、警察と右翼のチームプレーはこの日も目にあまるものであったが、つまづきの原因はそれではない。先頭の宣伝カーに乗り込んでいざ出発という時、車がエンストで動かなくなってしまったのだ。外の人びとに押してもらってもエンジンがかからない。私は不自由な足を引きずってデモを歩くはめになった。長い長いデモ暮らしの人生でも、宣伝カーが出発の時点で動かないなんていうトラブルは初めてであった。おかげで、車からなぜ天皇訪沖に反対するのかを、平明に短くアナウンスし続けるという、すこぶる困難な私のその日の任務は解除された（繰り返し読みあげるべく、メモも準備したのだが）。

前日、メモづくりのためにあれこれ考えた。道ゆく人びとに短くアピールする内容に、何を盛り込むべきかを。結局、現在、死者多数を出す大事故を続けざまに起こしている（アメリカで一時飛行停止であった）オスプレイの強制配備が進む沖縄。さらに米軍基地支配体制の強化が、日米両政府によって押し付けられている沖縄。弁護士会会長が「米軍人は沖縄を植民地扱いしている。自分たちと同じ人権を持つ人間が暮らす場所という意識がない」と厳しい抗議の声を上げざるをえない、米兵の民間沖縄人への暴行の繰り返し。こうした今日にまで続く沖縄の人びとの悲劇は、天皇ヒロヒトのアメリカへの〈沖縄メッセージ〉を起源として、うみだされ続けているのだ。

この今日さらに詳細に明らかにされつつある（それがどのように使われたかが）、この元凶としての〈メッセージ〉の責任。それはアキヒトが継承した、象徴天皇制の戦後責任である。「日米地位協定」にうめこまれた「密約」（代表的なものは〈日本にとって実質的に重要な事件以外は裁判権を行使しない〉というそれ）なども、天皇ヒロヒトの秘密外交の伝統から必然的に生み出されたものと理解すべきだろう。

この点をポイントにアピールするしかない、それがその時の結論であった。その時、改めて気づいたが、一九四七年に発せられた天皇メッセージは、後のサンフランシスコ講和条約で最終的に確定されることになる、日本の領土確定の大きな政治プロセスの中にあり、このメッセージこそは、今日吹き荒れている領土ナショナリズムをつくりだした〈起源〉でもあるという事だ。

復帰四〇年の今、仲里効は「復帰」の意味をあらためて沖縄の戦後が植民地主義を内面化し、皇民化を代補していった責任の問題を不問にしたことを問いなおし、こう述べている。

「復帰運動を担った中心的な人物や組織のなかに流れこんでいる『終わらない植民地主義』を自己切開できなかった、変わることができなかった。戦前の同化主義を再生させ、日本を『祖国』と幻想、そこに帰一していく、植民地責任は封印されたままだった。封印したのはアメリカの剥き出しの占領です。その理不尽さへの抵抗が〈反米〉というヴェクトルを獲得し『日本』を呼び寄せた、という事情がある。〈反米〉というヴェクトルによって同化主義が再組織化されていったわけで、そういった意味で、復帰運動の論理には二重の植民地主義が内包されているといっても間違いありません。これまで繰り返し指摘されたことではありますが、その象徴的な例として、復帰運動を中心的に担った沖縄教職員会が実践した日本人＝国民教育と共通語励行運動という名の〝ことば刈り〟があります。植民地主義は外にあるのではなく内にあるということです」（「復帰？　チョンナギレ！」『飛礫』別冊〈3号〉

所収)。

沖縄の人のこの鋭い〈自問〉に私たちはどう答えるのか。

アメリカじかけの象徴天皇制国家の〈責任〉を問い続けること。どのような少数派においこまれても、これ以外にはあるまい。この問題を不問にした、圧倒的多数派の「脱原発」運動などは、まともな「脱原発」運動であるわけはないのだから。

(『反天皇制運動モンスター』三五号、二〇一二年一二月四日)

「平成の妖怪」と「売国ナショナリズム」
——安倍政権のオスプレイ配備の論理

一月二七日。私は、再稼働反対全国ネットワークの全国交流会の二日目の集まりに参加していた関西の友人が、タクシーで日比谷公園に向かうという話に便乗することで、クタクタで参加は無理かなと考えだしていた「オスプレイ配備に反対する沖縄県民大会実行委　総理直訴東京行動」の集まりに参加できた。日比谷野外音楽堂はオスプレイ配備抗議の声でうまっていた。入口に、大きな「日の丸」の旗を中心に「日の丸」の小旗をふっている、安倍政権応援団である右翼グループが、集会参加者への脅迫をくりかえしていた。

この脅迫は、翌日の沖縄から来た議員団中心の国会行動まで続いていた。彼らの論理は、「オスプレイの配備に反対するのは、中国を利する『売国』的な行動だ! 許せない!」というナショナリズム(国家主義)のたてまえにもとずく主張である。まったくあきれた。

国会前ですれちがった沖縄の友人たちも、こんなふうに国会前で右翼（日の丸）に包囲されたのははじめて、と驚いていた。

いったい、これはなんなのか（右翼が脅迫している議員団の中心は沖縄の自民党の議員団である）。それは安倍親米（「売国」）ナショナリズムの自己矛盾を象徴的に表現している政治的風景であろうと思う。

自民党に政権がもどり安倍首相のカムバックという恐るべき結果をうみだした、選挙の最終日の政治的風景と、私の中でそれはかさなった。

場所は秋葉原、大きな宣伝カーの上で、がなりたてる安倍、それをとりかこむ動員されてきた大量の右翼（と日の丸）。私たちのデモに殴り込みを続けている右翼（日の丸）が安倍の下に総結集している風景である。主に私たちの集会やデモに、くりかえされている脅迫や暴行が、新安倍政権下で全社会化されていくこと（警察の公安［政治］警察化の拡大を伴って）を予感させる、不気味この上ない風景であった。

予感通りの事態は進行している。

「昭和の妖怪」と呼ばれた「革新官僚」（ファシスト）政治家岸信介の孫の右翼天皇（国家）主義政治家安倍は、一度、平和憲法破壊を公言して首相となり、あえなく挫折したが、一度首相として死んだ後、文字通り「平成の妖怪」としてカムバックしてきてしまったのである。

岸は六〇年安保（日米軍事同盟）を「対等」化のイメージで改定してみせた（もちろんそれは、米軍が日本をそして沖縄を勝手に使い続けることを保障する米日の軍事的従属関係の構造的深化という実態にかぶせたベールであるにすぎないが）。

米軍の「主権侵害」はすべてオッケーという「密約」体制は、今日、さまざまに明らかにされだしている。岸は六〇年改定の時、日本政府の側も米軍のすべていいなりになるわけではないという政治ポーズのために「事前協議」という制度をつくってみせた（もちろん、それがポーズにすぎなかったことは、この「協議」が日本政府によって一度も活用されることはなかったという事実がよく示している）。

安倍は今も、日米同盟は「対等」であり、その対等性を強めるために、米軍のオスプレイ配備は必要だと、インチキのきわみの強弁を展開している。

住民の命の問題など無視し、米国でも訓練できない事故だらけのオスプレイを、沖縄に「本土」各地に、米軍のいいなりに配備（訓練）する。

安保条約を前提にしても、これは「事前協議」で拒否できる（すべき）ものであることは、もし主権国家日本の政府なら、あたりまえの行為ではないか。

中国の脅威を煽りたて、米軍にのみこまれていく同盟のひたすら「深化」するという「売国ナショナリズム」の自己矛盾のかたまり、「平成の妖怪」のギマンの政治のインチキ・ナショナリズムを正確に見抜き、反米ナショナリズムではなく〈平和主義〉という普遍原理をふまえた反天皇制運動を、私たちはこのぎりぎりの局面でも、持続しつづけるしかあるまい。

（『反天皇制運動モンスター』三七号、二〇一三年二月五日）

〈3・11〉二年に向けて
――安倍壊憲政権に〈原発責任〉を対置する運動を!

安倍新政権は、スタートとともに二〇一三年度予算の大枠を固めた(一月二七日)。それは、原発震災の被害者への賠償も補償もまともにできず、「復興」はスローガンだけ、放射能汚染地域に住民は放り出したままの、文字通りの「棄民」状況などまったく無視の軍事費の「四〇〇億円増」(なんと増)であり、生活保護費の「六七〇億円減」(カット)に象徴される政策(予算)である。

明文改憲を公言し、一度首相になったこの右翼天皇主義者があらためて首相となるという今の事態が、人びとの生活をおびやかす、米軍に組み込まれ戦争に参加し続ける軍事国家づくりを可能にする事態であることは、明らかである。

米軍に組み込まれた戦争のフリーハンドを手にするためには、なにがなんでも平和(「国民主権」)憲法の破壊が目指されなければならない。安倍政権がそう決意していることは間違いない。一月二八日の「所信表明演説」で安倍は、今度は「改憲」して「美しい国づくり」「戦後レジームからの脱却」というような、国家(軍国)主義を甘い衣をかぶせたような「理念」(キャッチフレーズ)は封印した。

しかし、憲法破壊へのうごきは「集団的自衛権」行使の合憲解釈への策動など、着々と押し進められている。それは、安倍がたずさえている自民党の「日本国憲法改正草案」(一二年四月二七日)が〇五年の小泉首相時代につくられた「草案」より露骨に天皇主義(元首化明記)であり、国家(軍事)主義が顕著になっていることによく示されている。それは、国家の権力者の恣意的支配をしばる「民の権利」（人権）の宣言という立憲主義の原則を破壊し、国家（支配者）の言うことに従う「国民の義務」を列記するという、そのグロテスクな内容が正直に語っているのだ。安倍のいう「強い日本」、とりもどそうと呼びかけている「強い日本」とは、そういう国家であり社会である。安倍にはなんの反省もない。強行採決をメチャクチャに繰り返し、大臣はスキャンダルで何人も辞任に追い込まれ、農水大臣（松岡利勝）にいたっては、安倍自身が自殺に追い込んでしまうようなことをしでかした「右翼お友だち」内閣。あげくに右翼体質がたたってアメリカにまで追い詰められ、人格崩壊して逃げ出した男が、どうしてカムバックできるのか。

金まみれの「利権誘導」政治の復活強化にすぎない、金持ちの貧者踏みつけ経済政策。それでもマスコミのネーミングの「アベノミクス」とかで経済活性化ムード演出に成功した安倍は、またもや人気上々の再スタートである。

安倍たち自民党こそが「国策」として原発列島日本を「安全・安心」というデマゴギーをふりまきながらつくりだしてきたのだ。その責任をなにもとらずに、棄民（被害者切り捨て）政策に「復興」のイメージと金をふりまき、ビジネス（除染、瓦礫処理と呼びながら）がさらにくりひろげられようとしている。なんという国か。

かつての侵略戦争と植民地支配の政治的リーダーの象徴的人物（満州帝国のエリート官僚であり、東条内閣の大臣であった）岸信介は「A級戦犯」容疑で巣鴨プリズンにほうりこまれながら、なんと戦後に首相に返り咲いた。この事実は、最高の責任者天皇ヒロヒトの天皇としての延命の結果である象徴天皇制の継続とともに、日本が〈最高の無責任国家〉である事実を、それこそ象徴している。アメリカの軍事力によりかかってこの戦争（植民地支配）責任を取り損なった戦後国家。それが原発推進責任をまったく取ろうとしない自民党政権として、岸の孫である〈安倍政権〉が、あらためてつくり出された。過去を忘れ、目先の利害（それもマスコミにイメージ操作されたそれ）にふりまわされ続ける、私たち一人一人の思想的体質が変えられなければ、本当は何も始まらないのだ。この事態は、今さら驚いたり落胆すべき事態ではおそらくないのだ。〈3・11〉二周年に向けて、安倍壊憲政権に〈原発責任〉を対置し、未決の〈戦後責任〉を歴史に問い直す、反改憲運動の再スタートを！

（『反改憲運動通信』第八期一六・一七号、二〇一三年二月六日）

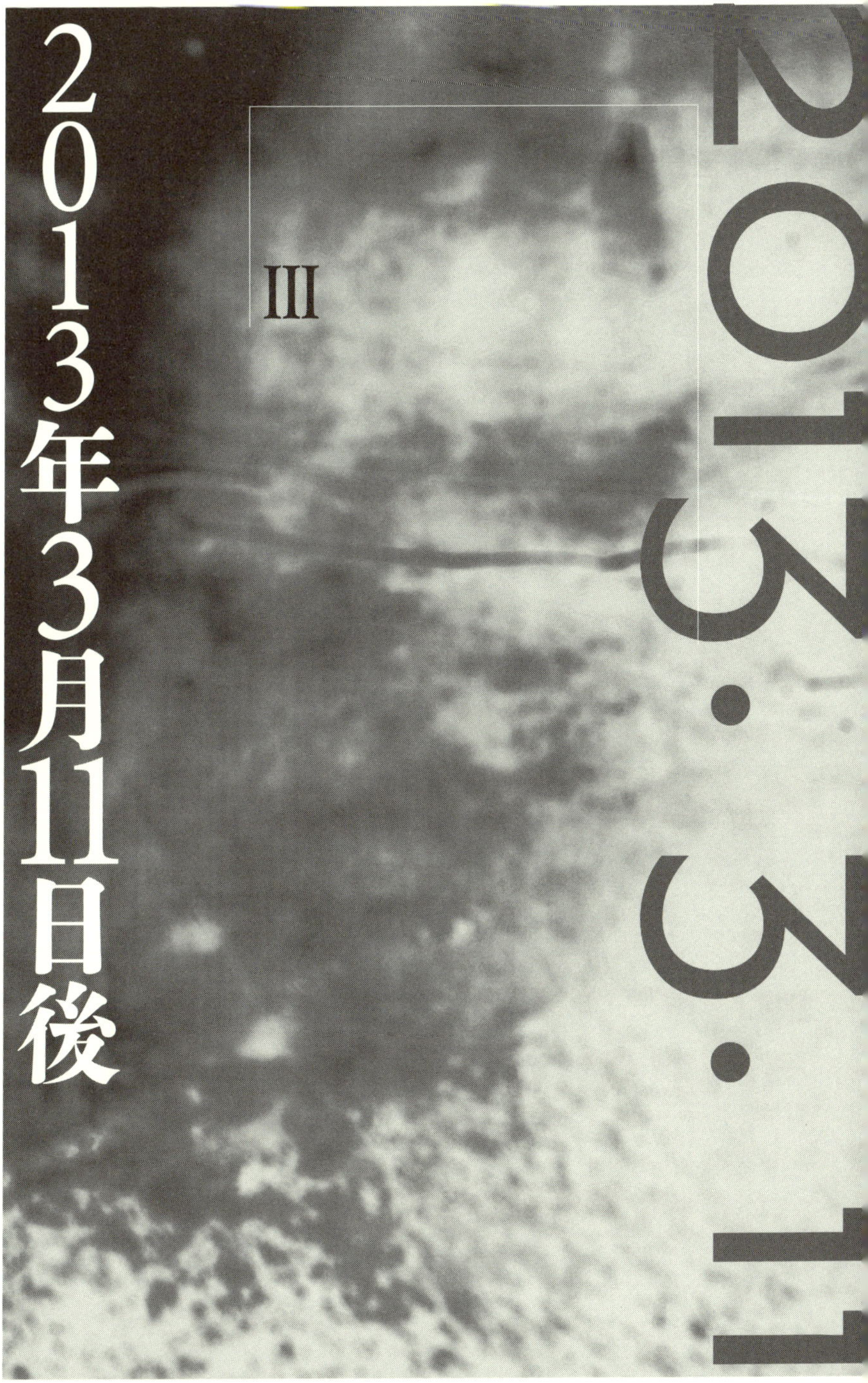

III

2013年3月11日後

2013・3・11

安倍壊憲政権下の〈3・11〉天皇儀礼

――進行する「棄民」政策にどう抗するのか

1　〈3・11〉式典と〈8・15〉式典

〈3・11〉原発震災の二周年の政府のイベントがとりざたされる状況が近づいてくるなかで、昨年あったある論議が、あらためて私の中で想起された。それは、「ピープルズ・プラン研究所」の編集会議の時のこんなやりとりだったと思う。

「天皇参加の、こうした政治的な式典は、まちがいなく毎年くりかえされることになると思う。八・一五の戦没者追悼式のように。だから、今年はそれのスタートの年と受けとめ、それに、どういう批判の声を発するかをキチンとつめて準備すべきだ」と私は強調した。これに対し、「重要な政治セレモニーだというのは、わかるけど、あの全国民的な戦争体験と比較すれば、やはり東北中心の被害、『八・一五』のようになることは、やはりないんじゃないですか」との編集委のメンバーの声があがった。

私は、それに対し、力をこめてこう主張した。「そんなことはない。放射能被害を考えれば、空間的に国境すらこえているし、マスコミの津波と原発の恐怖映像・ニュースは、全国的トラウマ、〈八・一五〉と比較すれば、それは一応被害が終った後のイベントだけど、〈3・11〉は被害が終りようもなく続いている状況であることが違うだけだ。天皇という「慈愛にみちた」ポーズの国家のシンボルを使った欺瞞的政治儀礼は、毎年ハデにくりかえされることになるのは、まちがいないことじゃないか」。

そこに、「なに、来年になってみれば、わかる事じゃないか」という仲裁的な発言が入って、討論は、すぐうちきられた。

さて、一年がたった。事態は、やはり私の予想通り進んだ。民主党政権から自民党政権への逆転が、天皇主義右翼安倍晋三の返り咲きという最悪のかたちでうみだされ、その安倍政権下二年目の天皇を中心にした国家儀礼は、当然のごとく、大々的に演出されることになったのである。

一年前の時点で、私の頭にあったのは、〈3・11災後〉という歴史のくぎりの意識をめぐる問題であった。日本人がこの間、使用することが、あたりまえになっていた歴史的な時間尺度は、あの「アジア・太平洋戦争」後から何年という「戦後」という言葉であった。戦前（中）そして戦後といえば、その戦争の時間が、あたりまえであった。それは朝鮮戦争後でも、ベトナム戦争後でも、湾岸戦争後でももちろんイラク戦争後でもなく、その戦争の後というのは自明であった。

「ジャパメリカ」という言葉までうみだされ、アメリカと並んだ、いや超えた経済大国日本（ジャパン・アズ・ナンバーワン）がとりざたされた時代状況下に書かれた、『戦後意識の変貌』[1]の中で加藤哲郎は「『戦後』とは、容易にひとつかみにはできない変化をもった時代である」と論じ、「戦後四〇年余」を、五つに時代区分をして整理している。第一期は「アメリカ軍による占領時代」（四五年～五二年）であり、第二期は「五二年四月の講和条約発効から六〇年の安保条約改定までの独立・再建期」。第三期は「池田勇人内閣成立から石油ショックをへて田中角栄内閣崩壊までの、高度経済成長と戦後日本の確立期」（七四年末まで）、また第四期は三木武夫・福田赳夫・大平正芳・鈴木善幸内閣による「戦後日本の再編と経済大国化の時代」、さらに第五期は「中曽根康弘・竹下登内閣のもとでの、『戦後政治の総決算』と『国際国家化』の時期」である。それは、「経済的には、八五年に戦後資本主義世界を支えてきたアメリカが債務国に転落、日本がかわって世界一の債権国になるという、世界経済の劇的な変化がおこった。日本経済のひきつづく発展は、欧米との貿易摩擦を激化させたが、円高の進行によって、国際統計上では、日本の一人当たりGNPはアメリカを追いこすまでになった」時代である。

非常にわかりやすく加藤が整理してみせた大いなる「変化」に富んだ、この時間の流れも、「戦後政治（経済）と対応する「戦後」社会（生活）意識という一くくりは、十分に有効な時間尺度であった。それは、加藤のいう「第五期」に中曽根内閣がうまれ「戦後の総決算」のスローガンが大きくかかげられる政治が展開されても、「決算」されるような時間（時代）尺度ではなかったのである。

もちろん、その後、アメリカ帝国の没落はとまらなかったが、経済大国日本の没落が始まり、加速され、とっくに第五期など終っている時間を、私たちは生きた。その時間の流れの中でも「戦後」という時間尺度は、人々の中で、有効活用され続けてきた。それは第六期、七期と整理していくのが自然のように思われる時間であった。そこに二〇一一年〈3・11〉がやってきたのである。

この局面で、私は、「戦後」という時間尺度が多くの人々にとってあたりまえという事態が終っていくのではないかと考えた。あの欧米先進国にならったアジア太平洋侵略と植民地支配の長い歴史のゴールに都市部を焼きつくされる無差別空襲、さらに広島・長崎への原爆投下という悲惨この上ない敗戦を迎えたという多くの人々の共通の戦争体験。「戦後」という時間尺度が長く長く自明の前提として使われ続けたベースには、この戦争体験の記憶があったことは、まちがいない。経済白書が「もはや戦後ではない」と宣言したのは一九五六年である。それ以降、日本の保守権力者によって、「戦後」の終わりが何度も語られ、戦後国家の支配者たちによってそれの「決算」が、積極的に目指され続けた。しかし、戦後意識そのものは、支配の様式の大きな変容をくぐりぬけながら延命し続けてきたのである。

しかし、あの戦争体験クラスの放射能被害を大々的に伴う恐ろしい体験が、〈3・11〉以降やってきた。そして少なからぬ人々が、あの時の体験（風景）をかさねて〈3・11〉以降の体験を語りはじめたのである。「戦後」が終わり、「災後」が始まるという論議も浮上した。科学・技術・平和・文化・成長立国という〈戦後復興〉の、長い長いプロセスに必然的にやってきた破局が〈3・11〉だとすれば、ガンバローニッポンをスローガンにした、災後にうまれた新たな〈復興ナショナリズム〉の延長線上には、この破局をもたらした戦後象徴天皇制国家の歴史的責任を不問にふすための、新しい災後のマスコミじかけの政治イベントがつくりだされていくにちがいない。敗戦後の天皇を中心にした「八・一五」の戦没者追悼式典と同様なものが。そして、「戦後」が終り、「災後」（何年という時間尺度が全面化すること）が始まる。そんなふうに考えないわけではなかった。

そして、〈3・11〉イベントは、予想通り始まった（それは毎年持続されるだろう）。しかし、事は、そう単純に進行するようではないようである。「災後」意識は「戦後」のベースに、とってかわるというより、そのベースの上に接合されながら、支配者たちによって組織されていくようなのである。

天皇出席の政府主催の〈3・11〉イベントの政治的意味を、より具体的に検証するという、この主題の前に、〈3・11〉後も続いている「八・一五」イベントとは何であり、あり続けているのかという点を、まずまわり道して考えてみよう。

政府が主催する「全国戦没者追悼式」がつくりだされるのは一九五二年四月二八日のサンフランシスコ講和条約の発効により形式的に日本が「独立」した（占領の終った）時の直後（五月二日）である。場所は新宿御苑であり、天皇・皇后出席の天皇儀礼として始めからつくられている。山田昭次は、こう論じている。

「天皇は『お言葉』を述べて『ここに追悼の意を表する』というのみで、自己の戦争責任に触れる言葉はなかった（『毎日新聞』一九五二年五月二日夕刊）。天皇・皇后の入場と退場の時には君が代が演奏された。この戦没者追悼式の政治的性格を主として形作ったのは、日本の再軍備を支える日本人民衆の所謂愛国心の回復を熱心に図った首相吉田茂だと思われる」（「八月一五日と国体護持、日本の軍事大国化のための『愛国心』昂揚」）[2]（傍点引用者）。

一九六三年、日比谷公会堂で開かれた「八・一五」式典から、この式典は（閣議決定は五月一四日）、毎年くりかえされることになる（池田勇人内閣時代）わけだが、天皇および天皇制の戦争責任に少しでもふれるような「お言葉」は吐かれることは一貫してなかった（この点は「代替り」したアキヒト天皇が主役になり現在まで続いているこの式典についても同様である）。

一九九九年から、「日の丸・君が代」を「国旗・国歌とする」法律の成立をうけて、参列者への君が代斉唱が強制される儀式となり「軍人恩給」の復活をも必然的な産物として持続されている、この式典について、山田は、ここで、以下のような総括的な批判を述べている。

「『天皇のために』と称して侵略戦争に動員されて無意味な死を強いられた戦死者に対して天皇や政府がなすべきことは戦死者に対する謝罪でなければならない。しかしそれとは反対に天皇が出席し政府が主催する全国戦没者追悼式は戦死者に最高の栄誉を与え、戦死者は全国民の感謝の対象となる名誉を受ける幻想を演出したのである。／新村出編『広辞苑』によれば、追悼とは『死者をしのんで、いたみ悲しむこと』を言う。しかし全国戦没者追悼式の際の首相たちの式辞は、アジア・太平洋戦争中の日本人戦死者を追悼するように見えて、実は彼等を国に生命を捧げた殉国者として顕彰するものであり、侵略戦争に動員して無意味な戦死を強いた国家責任を認めて謝罪する意志は全く見えない。

アジア・太平洋戦争中の日本人戦死者を殉国者として賞賛することを通じて、現在の自衛隊に対する敬意と感謝を生み出すことが意図されている。八月一五日は一九八二年四月一三日に閣議によって『戦没者を追悼し平和を祈念する日』という名称を与えられたが、この美しい名称は八月一五日に開催される全国戦没者追悼式の実態や首相の靖国神社公式参拝に込められた反平和的な政治的意図を覆い隠す役割しか果たしていない。この美しい名称に飾られた八月一五日の国家儀礼にこめられた内実を見破る鋭い批判的な眼がいま日本民衆に不可欠である」（同前）。

「八・一五」天皇式典の政治的性格については、もうすこし論じておかなければなるまい。毎年くりかえされ続けている天皇の「お言葉」なるものも首相の「式辞」も、「平和で豊かな」戦後の復興は、死者たちのおかげであるというトーンで、くりかえされ続け、この美しい「祈り」に飾られた追悼の言葉は、天皇制国家の植民地支配、戦争責任を忘却させるための高度に政治的なマスコミ・イベント（セレモニー）としてつくりだされ持続され続けてきたのである。責任忘却のための追悼（祈り）こそが、そこで実行され続けてきたのである。責任忘却のための歴史意識の操作に死者たちが、戦傷者たちが政治的に活用され続けてきたのである。その支配と侵略の責任者、象徴天皇制国家にモデルチェンジして延命した当事者たちが「無責任」を内外に宣伝し続ける、天皇（国家）儀礼。まさに象徴天皇制国家の「無責任の体系」としての完成をつげる政治儀礼として、それはあり続けたのだ。

この蓄積された「無責任」、「戦後復興（成長）」のゴールに〈3・11〉がやってきたのである。「無責任の体系」として完成された象徴天皇制国家の内側に、必然的につくりだされたのが「国策民営」の上に成立する原子力発電体制であり、〈原子力ムラ〉という利権共同体であった。

この原発政策を推し進めてきた国家の社会の支配者たちが、この空前の被害を前にして、誰一人まともに自分たちの責任を取るという声をハッキリあげないことは、その事を考えれば、少しも不思議なことではないのかもしれない。

2 〈3・11〉天皇式典の政治的性格

さて、「死者一万五八八二人・関連死認定者二三〇三人・行方不明者二六六八人・避難者三一万五一九六人」という数字がマスコミに飛びかう中で行われた今年の〈3・11〉天皇式典を具体的に検証する作業に入ろう。この国立劇場での政府主催の式典での安倍晋三首相の「式辞」は「本日ここに、天皇皇后両陛下のご臨席を仰ぎ、東日本大震災二周年追悼式を挙行するに当たり、政府を代表して、謹んで追悼の言葉を申し上げます」という天皇儀礼であることの確認から始まった。

そして、「この震災により亡くなられた方々の無念さと、最愛の方を失われたご遺族の皆さまの深い悲しみに思いを致しますと、誠に痛恨の極みであり哀惜の念に堪えません。ここにあらためて、衷心より哀悼の意をささげます」という調子の「追悼」アピールのくりかえしの中に、「強い日本を取りもどす」という自分の政権の自己宣伝をたくみにおりこんで以下のように語っている。

「持てる力の全てを注ぎ、被災地の復興、被災者の生活再建を成し遂げるとともに、今般の教訓を踏まえ、わが国全土にわたって災害に強い強靱（きょうじん）な国づくりを進めていくことを固くお誓い致します」

そこには「心からのお見舞い申し上げます」という言葉もあるが、本当に必要なのは、こんな言葉でないことは、あまりにも明白ではないか。だいたい安倍自民党政権は「お見舞い」などという第三者的立場で発言することが許されるような政権ではあるまい。第一次安倍政権を含めた、歴代の自民党政権こそが「安全・安心」デマゴギーをふりまきながら五十四基もの原発を日本につくってきたのではないか。なにより語られるべきは、その歴史的責任である。そして「復興」一般の決意表明などではなく、その責任をふまえた大量の被害者たちにとどく具体的な賠償政策である。

くりかえされている「追悼」の言葉は、この責任を問わせず、忘却させるための政治的なベールとして、乱発されているだけなのである。

「災後」二年の〈3・11〉式典は、「戦後」の〈8・15〉式典の無責任（責任の隠蔽と忘却）セレモニーという同じ政治的性格のものとして、つくりだされていることが、そこにあらためて明白に読みとれるのである。

それも、責任忘却のための追悼（祈り）という死者を中心とする被災者の政治的利用という欺瞞この上ない政治イベントなのである。こういう欺瞞的な国家の政治イベントには天皇（夫妻）の存在は不可欠である。遺族への「哀悼の意」を表明した後の天皇の「お言葉」はこうだ。

「このたびの大震災に際して、厳しい環境の下、専心救援に当たった自衛隊、警察、消防、海上保安庁をはじめとする国や自治体関係者、多くのボランティア、そして原発事故の対応に当たった関係者の献身的な努力に対し、あらためて深くねぎらいたいと思います」。（傍点引用者）

去年の式典では、野田（民主党政権）首相はさけた「放射能の克服」という「国難」についてまでふみこんで発言してみせたアキヒト天皇は、今年は、「放射能」問題には、まったく言及せず、まず、「自衛隊」という軍隊への感謝から始めた。

「壊憲」へ向かう「国防軍」づくりと明言している安倍極右政権の意向にそった「お言葉」を発してみせたのだ。もちろん、そこには、原発をつくりつづけてきた、戦後象徴天皇制国家の責任を自問する姿勢など、まったく示されていない。安倍政権とくんだ責任の隠蔽と忘却のための政治セレモニーという演出意図は、露骨に読み取れる「お言葉」である。

安倍が「持てる力の全てを注ぎ、被災者に寄り添い」と主張すれば、天皇は「今なお多くの苦難を背負う被災地に思いを寄せる」という美しい「お言葉」を吐いてみせている。

それは電力資本とともに責任の主体である国家の責任を取る態度がまったくないというグロテスクこの上もない事実に被せたベールであるにすぎない。

この事は、大量の被災者に対するキチンとした賠償を、まったくしていない事実、棄民政策というしかない、汚染地帯への住民をとじこめたまま（まとめた移住政策の不在）の現実、こうした実態を視せなくするための、それはベールでもある。

〈3・11〉二周年へ向けて、私（たち）「再稼働阻止全国ネットワーク」は、「福島を忘れない！大飯を止めよう！第一波全国行動へ」の呼びかけ、大急ぎで、ニュースを創刊した。

そこの「福島から」のコーナーに寄せられた「あれからもう2年、福島の今」で佐々木慶子はこう述べている。

「3・11未曾有の原発震災からもう2年。福島の復興はどれだけ進んだか。被災地フクシマ県民としてその実感がない。未だに原発難民は16万人とも言われ、不慣れな土地で、狭く不自由な仮設住宅や借り上げ住宅で先の見えない生活を強いられている。県外への自主避難者にはほとんど援助がなく、唯一あった住宅賃貸費補助の新規受付は昨年末で打ち切られた。／『安全キャンペーン』と『風評被害払拭』には国も県も懸命で、あたかもそれが安全証明であるかのように各種イベントを県内各地で華々しく開催している。例①「原子力の安全に関する福島閣僚会議」２０１２年12月、郡山市（ＩＡ

EA&政府主催　世界103カ国700人来訪）例②「いわきサンシャインマラソン」2013年2月、いわき市8000人規模……許せないのは子どもを主体にする行事も多く、否応なく多くの子どもを被曝に巻き込んでいる。／事故当時、18歳以下の子どもを対象にして、県立福島医科大学が行っている「甲状腺検査で最近、甲状腺ガンが新たに2人見受かり、すでに分かっている1人と合わせて3人になった。他にその疑いのある人が7人いるという。『発症しにくい子どもに結節やのう胞異常がこんなに早く見つかるのは早すぎる。頻度も高い。』との指摘がある。しかし医大側は『精密に調べたからであり、原発影響ではない。』としている。／放射能対策といえば『除染』しか無いかのごとく千億、百億円単位のお金がどぶに水を捨てるように注ぎ込まれている。その効果は最初から疑問視されており、一時的、部分的効果はあっても元の黙阿弥になるのが普通である。その時の汚水は河川や工場に流され、汚泥などは集積場が未定なので、その家の敷地の片隅のブルーシートで覆われて放置されている。この作業の手抜きぶりが年明け早々、発覚し、その多くはゼネコンビジネスであることも判明した[3]」。

放射性物質はすぐ減少したり、消滅してくれない。除染は、結局、放射性物質の空間の移動による気休め以上の効果はない。その除染作業ですら、てきとうにあつめて放置しているだけの大々的な「手抜き」で実行されている実態はマスコミですら、この間話題にされていた。この「復興ビジネス」の利権にむらがる大資本「ゼネコン」。このビジネスのグロテスクさは手当についてのピンハネも告発され、その事実が公然と明らかになっている。

「被ばく労働を考えるネットワーク」などが主催した環境省、厚生労働省との省内交渉を東海林智（ジャーナリスト）は、こうレポートしている[4]。

「省庁交渉で質疑の中心になったのは、福島県内の除染特別区域内で除染作業にあたる労働者に賃金に加えて、1日あたり1万円が支払われる『特殊勤務手当』についてだ。この手当は、除染の発注者である環境省が元請けと契約を結び、労働者に支払われることになっている金。もちろん税金だ。ところがすでに新聞などで報道されているように、この手当が労働者に渡されず、ピンハネされているという実態が次々と明らかになった。／労働者の告発とメディアの報道で、環境省が調査を始め、一部結果を公表した。それによると、除染が終了した33事業（2月6日時点）のうち、6事業で支払い漏れ、支払い不足が6事業あり是正中、6事業では調査中だった。環境省は事業終了後に賃金台帳で支払われたかどうかを確認した。しかし、これを額面通りには受け取れない。交渉では参加者の多くから『ほとんどの現場で末端労働者に手当は支払われてはいない』『自分の賃金台帳の開示を要求したが、見せてもらえなかった。ほとんどが偽造されている』などの批判が上がった。しかも、環境省は『除染は適切に行われた』として、確認したピンハネ企業の名前さえ公表していない。そもそも作業終了後でないと調査しないというのでは、作業中に不払いがあっても黙認しているに等しい。環境省が危険な除染作業に手当を支給することは評価すべきことだが、結果として労働者にきちんと渡らないのではゼネコンの懐を暖めるだけだ」（傍点引用者）。

「復興ビジネス」にむらがる「ゼネコン」の懐だけが暖まっている、インチキ行政（国家）。いったい、この国は、どうなっているのか。

「もちろんこのピンハネを可能にしているのは、重層的な下請け構造である。田村市での除染事業のピンハネを追及している全国一般ふくしま連帯ユニオンや全国一般全国協は、元請けの鹿島ＪＶから1次下請けのかたばみ興業（鹿島同族会社）、2次下請けの尾瀬林業（東京電力の１００％子会社）、

3次下請けの電興整備保障などと交渉しているが、いずれもピンハネを否定し、どこも責任を取ろうとしない」（傍点引用者）。

なんと、この原発放射能汚染を振りまいた元凶（もっとも責任の重い「東電」）の「100%子会社」がこのピンハネでまたかせいでいるのだ。自分たちがつくりだした人々の不幸と悲劇に便乗して、新手のうす汚いビジネス。利権のグルグル廻りの超無責任システム。

安倍首相のいう「被災者に寄り添う」復興の実態がこれであり、天皇が「思いを寄せる」被災地の現実がこれである。

3　除染と天皇

三月一二日の『産経新聞』は「原発活用して生き残ろう　混乱の元凶1ミリシーベルトを見直せ」という、とんでもない「主張」をかかげ、一一日の天皇イベントを大々的に報道している。ここには原発再稼働へ向かう安倍政権と財界のホンネがストレートに示されている。20ミリシーベルトあったって「安全」という無責任なデマキャンペーンだ。そこには、こういう記事もある。

「陛下は追悼式についても大切に考えられてきた。心臓の冠動脈バイパス手術を受け、退院から1週間後に開催された昨年の一周年追悼式では、20分間に限定してご臨席。70歳を迎えるのを前にした昨年の12月の記者会見では『一周年追悼式に出席したいという希望をお話しし、それに間に合うように手術を行っていただきました』と述べ、出席を最優先に考えて手術を決断したことを明かされている。／両陛下は昨年5月に仙台市で仮設住宅を訪問された。退院後間もない陛下のご体調を心配する声もあったが、『被災地をどうしても見舞いたい』というご意向を受けて決まった。同月の英国ご訪問では、支援活動に尽力した人々に、感謝の思いを英語で伝えられた。／昨年10月には福島第1原発に近い福島県川内町で、かねて希望していた放射能汚染除去の様子をご覧になった。／宮内庁関係者によると、今夏には岩手県の被災地訪問も検討されている」（傍点引用者）。

今年は、一〇月一三日に福島県川内村への「除染視察」というステップをふまえて天皇（夫妻）は、二周年式典に出席したのであった。

この除染現場訪問については『産経新聞』同様天皇の強い意思によるものであることを力説したレポートが『ＡＥＲＡ』（二〇一二年一〇月八日）に書かれていた。その「異例の訪問」についての宮内庁関係者の以下のごときコメントの紹介がそこにあった。[5]

「『両陛下のお見舞いは、災害直後から、数年たちある程度復興してから、というのが基本です。通常、被災地はしばらくすると様々な利益が入り乱れ、天皇陛下が訪れるには不向きな状況になってしまう。そう考えると今回、除染をやっている真っ最中に川内村に行くのは特別です』」。

このコメントに対して、以下のごとき解説が続く。

「確かに、川内村では今年4月に村長選があり、帰村宣言をした遠藤村長と、全員移住派の新顔、帰村宣言に批判的な新顔の三つ巴の争いの末、遠藤村長が3選されたばかり。村が今年初めにとった住民アンケートでは、『帰る』『帰らない』『わからない』が3分の1ずつで帰村に躊躇する人も多い。／川内村では、20キロ圏外にある９６１世帯を村が、圏内にある１６０世帯を国が、除染することになっている。村の担当部分は半分以上が終わったが、20キロ圏内は、まだ手付かずの状態に近い。7月に大林組・東電建設工業の共同企業体（ＪＶ）が除染作業を43億円で落札。現在、試験施行を始めた段階だ。また、村の約9割を占める森林では、除染するかどうかも、方針は定まっていない。／20

キロ圏外についても、／『高線量の場所では、除染しても数値は下がりません。小さな子どもがいる人たちは、帰らない人が多いのが実情です（村復興対策課）／それればかりではない。折しも脱原発デモが全国で広がり、野田政権は将来の『原発ゼロ』を打ち出したものの閣議決定はできず、また、自民党総裁選では、勝利した安倍晋三元首相をはじめ総裁候補全員が原発の必要性を主張した。／という状況下で、あえて川内村を訪問することになる」。

被災地（者）に積極的に「思いを寄せる」陛下の「意思」を押し出し、それをありがたがれというキャンペーンの裏側が、すけて見えるではないか。天皇は再稼働に向かう政治権力者の除染で「安全」だから「帰村しよう」という事実上の「棄民政策」の政治に、放射能まみれのゼネコンの「復興ビジネス」に積極的に加担して動いた、ということにすぎないではないか。「除染で安全」という欺瞞的政治キャンペーンの一人の主役として。

この「視察」をステップとして〈3・11〉天皇式典の「お言葉」が吐かれたのである。それは無責任の体系である象徴天皇制国家にふさわしい象徴天皇の政治的ふるまいであるにすぎない。

この間、脱原発の声をあげ動き続けてきたミュージシャンの坂本龍一が、右翼の鈴木邦男と対談して、天皇（制）についてこのようなやりとりをしている。

「福島の原発事故のことも大変憂慮されています。3・11の後から言葉の端々に出てきて、今年の年始のご挨拶でも、放射能のことを真っ先に触れられて。大変憂慮されているのがわかる。僕は口には出さないけど今上天皇は完全に脱原発だと思っています」。

こうした坂本発言を鈴木は、笑いながら「僕もそう思いますね」と受けている。それに坂本はこう対応する。

「その一言を言ってくださったら、すべてが変わるのになぁと思うのですが。でも……まあねぇ」[6]。

右翼に政治的にオモチャにされて、こんな発言をくりかえしている坂本には、本当にガッカリした。「棄民＝無責任国家」のイデオロギー装置として現実にフルに動いている天皇（制）の政治を正面から対象化することもせず、天皇に権威主義的にぶらさがった（もちろん、それも、まったく主観的な幻想をテコに）発言をして、彼は恥しいということはないのか（「陛下のありがたい〈お心〉だってか！」）。

私は安倍新政権のスタート時に以下のように論じた。

「――かつての侵略戦争と植民地支配の政治的リーダーの象徴的人物（満州帝国のエリート官僚であり東条内閣の大臣であった）岸信介は「A級戦犯」容疑で巣鴨プリズンにほうりこまれながら、なんと戦後に首相に返り咲いた。この事実は、最高の責任者天皇ヒロヒトの天皇としての延命である象徴天皇制の継続とともに、日本が〈最高の無責任国家〉である事実を、それこそ象徴している。アメリカの軍事力によりかかってかつてのこの戦争（植民地支配）責任を取り損なった戦後国家。それが原発推進責任をまったく取ろうとしない自民党政権として、岸の孫である〈安倍政権〉が、あらためてつくり出された。……〈3・11〉二周年に向けて、安倍壊憲政権に〈原発責任〉を対置し、未決の〈戦争責任〉を歴史的に問い直す、反改憲運動の再スタートを！」[7]

この時、私の頭にあったのは、ジャーナリストの田尻育三がまだ岸が生きていた一九七九年にまとめた『昭和の妖怪　岸信介』のラストのくだりである。

「『憲法改正、これは今後もやりますよ。やりますけれどもなかなか私の眼の黒い間にできると思っていない。しかし、この火を絶やしちゃいかんと思うんだ』／と語るのを聞いて、私たちは権力者、岸の孤独を読みとった。保守右派のイデオローグとしての岸は、自分の描いたデザインが完結しえないことを知りはじめているのではないか[8]」。

残念ながら「改憲」の火は消えなかった。そして、一度放り出してみじめに逃げ出した首相の座に〈災後〉に、安倍は「平成の妖怪」としてよみがえった、祖父の遺言を実行すると公言している安倍政権。安倍こそこの時代にふさわしい権力者なのかもしれない。私は、安倍壊憲政権とネーミングした。その改憲プランは、まちがいなく民衆が国家（権力）の恣意的支配を許さず、それを拘束するための憲法という近代立憲（民主主義・人権）思想の全面破壊を目指すプランだからである。

〈災後〉の無責任・棄民国家化の強力な推進のための、アメリカへの依存・従属を主体的に深めながら、強国日本（排外的）ナショナリズムをいたるところで鼓舞するというアクロバットな戦後国家の分裂的性格の極限的強化と再編へ向かう〈壊憲政権〉。

私たちは、責任を隠蔽し、それの忘却をこそうみだそうという追悼儀礼に抗し、その壊憲政権の具体的実態をこそふまえ、「告訴」「告発」を含めた多様な〈原発責任〉を問い続ける闘いを蓄積しぬく反（脱）原発運動をさらに持続しなければなるまい。この〈植民地支配・戦争〉責任を取らないことで完成された「無責任の体系」としての象徴天皇制国家の〈原発（核）責任〉をこそ問う私たちの運動の思想視座は、必然的に未決の〈植民地支配・戦争〉責任を重ねて歴史的に問いなおす視座が重ねられたものであるはずだ。

註

（1）『戦後意識の変貌』加藤哲郎、岩波ブックレット、一九八九年。

(2)「八月一五日と国体護持、日本の軍事大国化のための『愛国心』の昂揚」山田昭次『運動〈経験〉』三六号、二〇一二年一二月。

(3)「あれからもう2年、福島の今」佐々木慶子『再稼働阻止全国ネットワークNEWS』創刊号、二〇一三年三月。

(4)『「人間として扱え」除染労働者が国、企業に訴え』東海林智『労働情報』八五九号、二〇一三年三月一一日。

(5)「両陛下除染視察の全舞台裏」『AERA』二〇一二年一〇月八日号。

(6)「左右を超えた脱原発、そして君が代」坂本龍一と鈴木邦男との対談、『週刊金曜日』二〇一三年二月八日号。

(7)「〈3・11〉2年に向けて――「安倍壊憲政権に〈原発責任〉を対置する運動を!」『反改憲運動通信』一六・一七号、二〇一三年二月六日。本書Ⅱ章に収められている。

(8)『昭和の妖怪 岸信介』田尻育三、学陽書房、一九七九年。

(『インパクション』一八九号、二〇一三年四月)

「誤った戦後国家のスタート『主権回復の日』(4・28)を今こそ問う

――沖縄・安保・天皇制の視点から」集会への結集を!

沖縄出身の両親の下、一九三六年に東京で生まれ、国民学校に入って絵に描いたような愛国少年として育ったという新崎盛暉は、私との対談で、「4・28」の思い出として以下のように語った。

「一九五二年四月二八日に高校に入って、四月二八日に校長が全校教職員生徒を集めて、今日で日本は独立しましたということで、万歳三唱をしたんです。それが僕の沖縄との出会いだった。僕は沖縄出身だとは思っていても紛れもない日本人であった。しかし、沖縄が日本から切り離されて米国の支配下に置き続けられるというのに、ここで万歳している奴がいるわけね。校長が音頭取って、九九%くらいがこれに唱和するわけ。僕は、沖縄の人間であったこともあるのだろうけど、対日平和条約によって、沖縄が日本から法的に分離されるということは、明確に意識していたはずです。／そこで、これはいったい何だ、沖縄は日本ではないのかという、かすかな疑問みたいなものが生じた。それほど明確ではなかったかもしれないが、万歳している連中と僕との差というかな。しかし、万歳しなかったのは僕だけではなかった。高校三年生ぐらいのひとにぎりの人たち、社会科学研究班とか、時事問題研究班の連中もそうだった。彼らは破防法反対などの運動をしていた。／僕は右翼的信条を捨てているわけではなかった。弁論班に入って、第一回の弁論大会が六月にあった。僕の演題は『日本の真の独立への道』だった。沖縄を切り捨て、そして独立したといっているやつはけしからん、いったい何事か、というわけです。そこでは沖縄も千島もほぼ同じにとらえているわけですね。こんなことでいいのかという、右翼的な論理を貫徹して『日本の真の独立への道』という演説をしたんです」（『本当に戦争がしたいの!?』凱風社、一九九九年、傍点は引用者）。

さて、安倍晋三政権は、民間天皇主義右翼団体がこの間主張してきた「主権回復の日」としてこの四月二八日を祝うという政策を、三月一二日に閣議決定し、選挙公約通り、国家行事化した。それは、天皇・皇后も出席する政府主催の式典であるという。都道府県知事にも招待状が出され、あらためて新しい米軍基地を辺野古へつくることを強制されている（埋め立て許可を申請している相手である）仲井真・沖縄県知事も招待されている。『東京新聞』（三月一九日）は、この式典の浮上は、沖縄の人々にとって「本土（ヤマト）」に「捨て石」として使われ続けている、「復帰40年」の今、新たに「屈辱」の日という感覚が再燃させているとレポートしている。もちろん安倍政権は、「いったいなんなんだ」

と思ったかつての新崎少年のように、米軍占領からの「真の独立」をめざし、米軍をおいはらい「強い日本」を「取りもどす」ために祝うというナショナリストとしての筋を通そうとしているわけですらない。もしそうなら長く長く続いている米軍基地支配を終わらせ、日米安保条約を破棄するしかないからである。しかし、この天皇主義者の首相が実際に行っていることは真反対である。

『産経新聞』（三月一三日「主張」）は、こう主張している。

「安倍首相は『奄美、小笠原、沖縄が一定期間、わが国の施政権の外に置かれた苦難の歴史を忘れてはならない』と述べた。特に、沖縄は潜在主権が残されたとはいえ、講和条約発効後も20年間、米国の施政権下に置かれた。戦争末期の地上戦で多くの県民が戦死した事実と合わせ、国民が記憶にとどめておくべき歴史だ」。

私たちが忘れてはいけないのは、かつて天皇たちによって沖縄戦に狩り出された沖縄の人々が、日米安保条約とセットで結ばれたサンフランシスコ講和条約によって、天皇ヒロヒトの政治的メッセージを採用したアメリカの支配者たちによって、「潜在主権」を日本に残すという論理で、米軍に売り渡された事実である。そして米軍基地づけの沖縄の人々の恐るべき「苦難」は、施政権が戻されるまでの二〇年間だけでなく、四〇年後の今日まで深まることはあれ、まったくなくなっていない事実である。このことに歴史的責任のある保守政権のエースの天皇主義者の安倍たちのいう「主権」とは何であり、何を「祝う」というのか。どういう歴史意識の書き直し（偽造）を、この式典を通して実現しようとしているのか。

六〇年安保五〇年の二〇一〇年から、「4・28」を政治焦点化して運動をつくってきた私たちは、三年後の今年、沖縄の地で反基地・反安保の運動を担い続けている新崎盛暉さんに来ていただき、彼の問題提起を受けながら、この問題を集中的に論議する集まりを持つ（反「昭和の日」実行委との共催）。結集を呼びかける。

（『反安保実NEWS』三五号、二〇一三年四月一二日）

「維新のドン」と「売国ナショナリズム」
――安倍政権と石原慎太郎〈壊憲〉政治批判

私たちは「安倍改憲政権を許すな！2・11反『紀元節行動』」を走り抜け、4・29反「昭和の日」行動の準備に向かっている。その目前に、「主権回復の日」として四月二八日を祝うという新たな天皇イベントのプランが浮上してきた。民間右翼の要求がストレートに安倍政権には反映するのである。

しかし、沖縄を天皇メッセージによって切り捨て、米軍基地を押し付け、今日まで沖縄の人の苦難を深化させ続けている、この日米安保と米軍基地の制度的〈起源〉の日を、あらためて国家的に祝おうというのだからあきれる（「アメリカ占領憲法」を変えるという彼の主張と、どう整合するのか、サンフランシスコ講和は、右翼天皇主義者安倍らが全否定する戦後憲法と「東京裁判」を前提にする戦後秩序の成立を歴史的に確認するものだったはずである）。ハチャメチャである。

もう一人のハチャメチャ人間「日本維新の会」共同代表石原慎太郎は、『朝日新聞』（四月五日）でこう吠えている。

「日本は周辺諸国に領土を奪われ、国民を奪われ、核兵器で恫喝されている。こんな国は日本だけだが、国民にそういう感覚がない。日本は強力な軍事国家・技術国家になるべきだ。国家の発言力をバックアップするのは軍事力であり経済力だ。経済を蘇生させるのは防衛産業は一番いい。核武装を議論することもこれからの選択肢だ」（傍点引用者）。

福島原発震災後の日本で大量の原発をかかえ地震におびえて生きている私たちの日常の現実感覚からすれば信じられない原発＝原爆大国（彼のいう「技術国家」）路線という妄想的空論である。

石原は、「橋下君」を首相にすべくもりたてていくのが「政治家としての最後の仕事だ」と、話を結んでいる。公明党は「改憲の妨げ」と語りつつ安倍自民党と「維新」とくんだ平和憲法全面破壊の実現に、自信満々である。

豊下楢彦は『「尖閣問題」とは何か』（二〇一二年・岩波現代文庫）で、東京都知事時代の石原による東京都の「尖閣諸島の購入方針」が、はじめから中国の軍事的挑発をもくろむものであり、米軍を対中対決の前線に引きずりだそうという軍事的妄想に支えられ続けた政策であったことを、正確に論証してみせている。アメリカの巨大な軍事力にすべてをあずけ、日本列島住民の命を踏みにじるどんなムチャクチャな米軍の要求も平然と受け入れる。ナショナリストではない私は、それでもお前は「日本人か！」などとは口が裂けても主張しないが、この「強国」復活を主張する「ナショナリズム」の「売国」性は、いったいなんなんだ。

豊下はそこで、一度ズッコケた安倍政権について、こう論じている。

「ところが、二〇〇六年九月に政権に就いた安倍晋三政権は『戦後レジームからの脱却』を掲げ、その最優先課題に、解釈変更による集団的自衛権の行使を打ち出したのである。安倍氏の狙いは、北朝鮮を『日米共通の敵』に設定し、日本も集団的自衛権に踏み込むことによって、日米の軍事協力関係を『対等』のレベルにまで引き上げることにあった。ところが、……ブッシュ政権が北朝鮮をテロ支援国家指定から解除する方針に踏み切ったために、安倍氏は完全に『はしごを外されて』しまったのである」。

政権投げ出しての逃亡劇がうみだされた大きな理由の一つがそれであった。

しかし安倍は、あらためての政権づくりに向かって、米軍が日本のために闘ってくれるのに日本の自衛隊がこのままでいいのかと、「集団的自衛権」の解釈改憲、そして「国防軍」づくりの全面改憲へという〈平和・民主（立憲）憲法〉そのものの全面破壊のコースも、今度も突っ走ろうとしている。米国の核軍事力をあてこんだ、石原同様の妄想的空論の、あまりのリアリティのなさには、あきれるしかあるまい。豊下は、この本で、米中の経済的そして政治的協力関係のリアルな進展という状況を分析提示してみせている（アメリカにとっては日本などより中国との関係の方がとっても大切ということにすでになっているのだ）。

米軍になんでもあげるという「売国ナショナリズム」は、アメリカの権力者によって「はしごを外され」る方向に、すでに事態は大きく進んでいる。それがアメリカ依存の「軍国主義＝改憲主義」者たちが、まったく見ようとしない現実である。

「安倍自民」と「橋下・石原維新」の連合によって推し進められつつあるこの現実をふまえた〈壊憲〉政治との対決に、私たちの運動は自覚的でなくてはなるまい。

（『反天皇制運動カーニバル』一号、二〇一三年四月一六日）

〈壊憲〉に抗する運動へ向けて
――安倍政権と対決する第9期をスタートします

「改憲」というより平和（立憲主義＝民主主義）憲法の全面破壊をもくろむ、「壊憲」論主義者安倍晋三がなんと首相に返り咲き、やっと実現した民主党への「政権交代」への人びとの大きな幻滅感をバネに、スタート時点では後景に退けていた「壊憲」政策を公然化し、暴走し出している。それでも経済成長再生を約束し、「アベノミクス」なるムード（市場）操作による円安＝株高状況を一時的に作り出し、経済政策への「期待感」を大きなテコにした人びとの「安倍人気」は、あの政権を投げだして逃走するという結果に終わった、一度目のスタートの時と同様に上々である（あの時も、戦後生まれの若い首相への期待感が、マスコミを支配していた）。なんとも不気味で、ウンザリする状況下の今年の「五月三日」。

安倍首相は、まず九六条（改正手続）を国会議員の三分の二の賛成から二分の一の賛成へと変え、憲法を変えやすくすることから始めるという姿勢を、より公然化した。ここを変えてしまえば、自分たち権力者の思うがままに憲法を変えることが可能になる。まずここに孔をあけようという、なんとも姑息この上ない方法で、全面明文改憲にアプローチしようというわけである。

四月二六日、『産経新聞』は「国民の憲法」要綱なる新憲法案を発表した（創刊八〇周年、『正論』四〇周年の記念事業とのこと）。「前文」はこのように書き出されている。

「日本国は先人から受け継いだ悠久の歴史をもち、天皇を国のもといとする立憲国家である。／日本国民は建国以来、天皇を国民統合のよりどころとし、……和をもって貴しとする精神と、国難に赴く雄々しさをはぐくんできた」。

軍隊保持を明記した具体的内容を含めて、それは政権与党「自民党」の「改憲案」とまったく同じ精神によって成立しているものである。そこにあるのは天皇中心の国家主義（国民への命令の体系としての憲法という）の精神がグロテスクに示されているだけだ（かの大日本帝国憲法にこそ強く流れていた精神である）。改憲言論誘導の新聞メディアの主役は、『読売』であった。しかし、天皇主義右翼首相の再登場は『産経』を「わが世の春」気分にさせているようだ。この政治状況の性格を、どういうものと考えるか。

憲法学者水島朝穂は、自民党と組んで全面改憲の方針を掲げている橋下「日本維新の会」の、もう一人のドン石原慎太郎が「占領軍がつくった憲法は破棄したらいい」との発言を繰り返していることにも触れつつ、現在の状況を「護憲か改憲かという従来の対立構造をも超えて、立憲か『壊憲』かが問われる事態の現出といってよい」と論じている（「『壊憲』にどう対抗するか—改めて問われる立憲主義の意味」、『世界』二〇一三年三月号）。

歴史的に、自民党（改憲政策の実現を目的に結党された）の改憲プランは、戦後憲法の基本原理を破壊する、立憲主義の土俵自体を破壊する（憲法の許容範囲を超えた）、クーデターともいうべき政治性格をもったものであった。

そして今の「維新の会」をもまきこんだ安倍政権の「改憲」構想は、より公然と〈壊憲〉というグロテスクな性格を示しだしているのだ。

「産経」案の前文にも、「民主主義」「自由主義」「基本的人権」という言葉は存在する。しかし、それは文字通り絵に書いたモチであり、〈壊憲〉の実態を隠蔽するためのベールであるにすぎない。
五月五日、安倍首相は、四万七千人がつめかけた東京ドームに、国民栄誉賞を与えたプロ野球選手だった長嶋と松井の両人とともに「GIANTS」のユニフォームを着て（なんと背番号はあの〈96〉！・）、笑顔で立っていた。なんという姑息な「人気取り」のハレンチ政治か。人びとに憲法問題を考えなくさせて、〈壊憲〉を実現せんとする〈笑顔のファシズム〉状況に抗するために。「反改憲」運動通信の第九期に向かって、〈壊憲〉に抗する論議をいたるところでうみだす運動をめざして、私たちはスタートする。今こそ、一人でも多くの積極的な協力を呼びかける。

（『反改憲運動通信』第八期二三号、二〇一三年五月一五日）

メディア操作による安倍「売国《ポチ》」ナショナリズムの全面化
——原発再稼働を許すな

1　小泉「劇場」政治から安倍「劇場」政治へ

五月一九日の『朝日新聞』は、内閣官房参与である飯島勲の、「拉致解決」のためとする、突然の「北朝鮮」訪問が、「北朝鮮」側の、小泉純一郎元首相の政務秘書官として日朝交渉に関った飯島なら受け入れたいという意向に基づくものであったという事実を伝えている。「ノー・コメント」をくりかえしていた安倍晋三首相こそが、この訪問を「主導」したのだとも、それはつたえている。二〇〇二年の、「拉致」の事実を認めさせるという、解決への突破口を切り開いたこの小泉の訪朝（外交）団に飯島とともに官房副長官として同行していた安倍は、その後、「対話」（外交）ではなく非難と「圧力」

（対決）の全面化を主張し続ける、右翼ナショナリズム運動の煽動政治家として、売り出し、ついに一度は首相の座を手にした男であった。

首相にかえり咲いた今度の「外交」は、公然たる戦術転換である。この転換のプロセスに浮上した内閣官房参与飯島勲の名前を眼にして、私は「やっぱりな」の思いを強くした。この男は、小泉首相の「劇場政治」、ポピュリズム政治の演出家として、名をはせた人物である。マス・メディアをフル活用した人気とりのための、ことこまかい演出。

小さなパーティーに突然参加して、持歌を一曲歌ってみせる安倍、農業の現地視察で耕耘機に乗って、農民スタイルで、機械を動かしながら、親指だけを突き立てた、にぎりこぶしを前に突き出して、にこやかにポーズを取ってみせる安倍。小泉「劇場」でおめにかかった風景が、連日、テレビを中心のマスメディアに、にぎやかにまたつくり出されているのだ。ひたすら、大衆受けがする、人気取り、それ自体が自己目的化されたメディア政治が、私をうす気味悪い気持に追いこむそれが、これでもかという具合に、今、くりひろげられているのである。

東条英機内閣の商工大臣で元A級戦犯でありながら、戦後政界に復帰、「自民党」づくり（保守合同）を実現し、六〇年日米安保条約の「改訂」を乗りきり、日本の再武装へ向けて、平和憲法「改正」に執念を燃やし続けた、実力政治家の孫である安倍は、二〇〇六年九月に、首相が約束されている自民党総裁のポストを手にした。

上杉隆は『官邸崩壊』で、こう書いている。

「いかなる事態にも動じない祖父。『昭和の妖怪』と呼ばれた反共主義者。その後、秘書官として自らがその政治活動を支えることになる父の晋太郎とは大違いだ。岸の娘婿という政界エリートでありながら、人柄のよさに所以《ゆえん》する脇の甘さから『プリンスメロン』とも呼ばれた優しい政治家である父よりも、安倍は祖父の強さに憧れている。議員会館の安倍事務所。祖父と父の写真ともに飾られている。だが、祖父の写真の方が大きく、そして圧倒的に多い。岸は、安倍が目標とする政治家になっていた」(1)。「昭和の妖怪」岸信介の孫、安倍は、天皇主義右翼政治家の若きエースとして、古い自民党を内部から壊した小泉首相を受け登場したのである。

神道(天皇)主義右翼の全国的政治機関紙という内容がもりこまれている『神社新報』の「社説」が、待ちに待った、われらの政治家として称えた安倍は人気上々で首相になった。当時の風景を、上杉は以下のようにレポートしている。

「直前に発売された著書『美しい国へ』は好調な売れ行きを示している。新書ではあるが、なにしろこれから首相になろうという男の本だ。売れないはずはない。しかも老舗名門出版社・文藝春秋社からの発売だ。その看板が、政治家本にありがちなしょせん自己顕示に満ちた内容だろう、という臭いを消すのに一役買ってくれている。肝心の中味は、安倍の政権構想といっていい。いや政権構想そのものである。／目次には、拉致、靖国、憲法、教育の文字が並ぶ。本来は1年前に出版される予定だった。タイトルも違った。『ぼくらの国家』——。そんな案が検討されていたのだ。／ところが、郵政選挙、自身の官房長官就任などが重なり出版が延期される。しかし逆にそれが奏功する。小泉退陣を控えた時期、安倍への期待は日増しに高まっていた。街角の小さな本屋にも、山積にされた『美しい国へ』が目立つようになる。しばらくすると、置き場所が変わる。レジ横に置かれるようになったのだ。結局この本は、安倍政権初の国政選挙を迎える2007年夏までに、50万部を超える売り上げを記録する。文春新書としては過去最高の販売数だ。政治家本としても、田中角栄の『日本列島改造論』、小沢一郎の『日本改造計画』に次ぐ売り上げを誇ることになる。／安倍の船出には順風が吹き始めていた」。

自己の政権下での「憲法改正」の実現を公言する順風の船出は、すぐすさまじい突風に見まわれ続けることになる。首相としての航海は一年を超えるのがやっとで、内外からおいつめられた安倍は、「病気」に逃げこみ、突然、首相の座を放り投げるという、驚くべき失態を演ずる。「改憲」で歴史に名を残す野望は、「首相投げ出し」政治家として、名を残すという悲しい航海の終りをむかえることになるのだ。「昭和の妖怪」の孫は、結局、とりあえずは「平成の妖怪」には、なりそこねたのである。

失政の原因は、内政では「右翼お友だち内閣」であったことであることは明らか。閣僚のスキャンダル（汚職まみれ）の連鎖が、その結果つくりだされ、大臣一人を自殺に追いこむという事態までが、うみだされたのである。外政では、その極右翼の思想体質が、最初は、なんとか「外」に全面化しないような政治配慮の下にスタートしたものの、本人が「靖国派」である。その「大東亜戦争」賛美史観のイデオロギーが軍隊「慰安婦」問題などを契機に、外に全面露出、アジアの国々はもちろん、アメリカの怒りをもかうこととなる。このアメリカの核軍事力にすがりつく、伝統主義ナショナリスト安倍の自己矛盾が必然的に呼びこんだ事態を前に、逃げだしたのである。(2) 六〇年安保国会の議会民主主義の破壊の暴力的強行裁決で名を残した「昭和の妖怪」の孫らしく、それでも強行裁決の記録的な回数をつみあげて、教育基本法の国家主義への改悪と、憲法改悪にむけての「国民投票法」をつくり出した後の、政治的逃亡であった。

この男が、政治家をやめても、誰も不思議に思わなかったこの男が、首相として再生する時代が、自民党政権の選挙による交替（「民主党政権の成立」）という歴史的事態をくぐり、〈3・11〉原発震災という空前の「事故」に対する民主党の失政への、人々の失望という事態をバネに、やってきたのだ。

またもや、「右翼お友だち」内閣が新たにつくり出されてた点によく示されているように、安倍の天皇主義右翼体質に、なんら変化があるわけではない。(3) しかし、「妖怪」のごとく再生した第二次安倍政権は、一回目と、決定的に違ったところがある。マスコミ劇場のアクターという自覚を持ったパフォーマンスを安倍がくりひろげている点。小泉劇場の演出家たちが、その背後に、「自民党復活」の野望に燃えてへばりついていること、これが違う。この安倍の「劇場政治」にどう抗するのか。この困難な課題を見すえて、私たちは、多様な政治的テーマで安倍政権と対決し抜かなければならないのである。

二〇一三年一月安倍は、『美しい国へ』の完全版と名うって『新しい国へ』(文藝春秋社)を刊行している。それは「最終章」に『文藝春秋』〈一月号〉の論文をプラス(増補)しただけの、まったくの焼き直しである。その論文で安倍は「集団的自衛権の行使とは、米国に従属することでなく、対等となることとです」(傍点引用者)と強弁しつつ、「まさに『戦後レジームからの脱却』が日本にとって最大のテーマであることは私が前回総理を務めていた五年前と何も変っていないのです」と語っている。

しかし安倍は、今度はスタート時点から慎重で、人気のとれない「原発再稼働」はもちろん、「改憲」政策を前面に押し出すことを、ひかえていた。もっぱら強調されていたのは、デフレ脱却の成長経済戦略、「アベノミクス」である。この政策こそは、再登場の安倍政権の新しい「劇場政治」の中心に置かれた政策であった。それは、実体(経済)と無関係にイメージ(市場・株)操作だけがたよりの経済政策である。景気が再生するという期待感を広く人々に持たせるためのマスコミ操作の全面展開が、株価を上昇させる、その上昇が、株を保持しているお金持ちや企業をうるおす、その結果「期待感」

は、さらに増大し、それが成長経済をつくりだすはずだというマジックである。実体的根拠を欠いた(最終的大破綻は約束されている)、このイメージ戦略は、マスコミの全面バックアップ(挙国一致の協力ぶり)が成立することで、上々のスタートとあいなった。前回のトンデモナイ失敗をまったく忘れられたかのごとき、高人気で、この再登場は、またもや大歓迎されている(なんという健忘症の人々が多いのであろうか!)。

この成功に気持を強くした安倍は、後景にしりぞけていた「改憲」願望をすぐ全面化しだした。

2 「国民栄誉賞」大イベントと「九六条改憲」

もともと「国民栄誉賞」は、時の首相の人気とり政策の道具として活用されてきたものである。しかし、今回の安倍首相ほど狡猾かつ姑息な政治利用の例は、あるまい。いったい誰が、元ジャイアンツで大リーガー引退の松井秀喜に長嶋茂雄をセットにするというスタイルでの「国民栄誉賞」を思いついたのかは知らない(なんたる政治的悪知恵か!)。なんで今更このタイミングで長嶋にという声はなかったわけではないが、そんな声は、このマスコミ大イベントの高揚の中にかき消されてしまった。「ミスタープロ野球」・「栄光の背番号3」の登場は決定的であった。なにせ長嶋は、一九五九年の「天覧ホームラン男」である。

「その時奇蹟が起きた。四対四のまま迎えた九回裏、先頭打者の長嶋は2-2《ツーアンドツー》と追いこまれながら、リリーフピッチャーの村山実の最後の力をふりしぼって投げこんだ内角直球を左翼スタンドに打ち返した。/時に九時十二分。長嶋はあたかも、宮内庁が予定したタイムスケジュールを頭に叩きこんであったかのように、劇的サヨナラホームランを放った。／この一発のホームランで、長嶋は昭和史のひとコマを飾る不世出の大打者に祭りあげられ、今でも『あれはファールだったと確信している』という村山は悲劇のヒーローとして、これまた昭和プロ野球史のなかに永遠に刻みこまれることになった。／正力はこの試合について翌日の読売朝刊で、『この上もない喜び』として、次のように語った。／〈まことに絵にかいたような野球でこんな面白い試合をお見せでき、関係者としてはこれ以上の喜びはない。両陛下も終始熱心にご覧になっていたが、きっとご満足いただけたことと思う〉」

これは佐野眞一の『巨怪伝』(4)の文章である。ここの正力とは、あの原発づくり政策の中心にいた政治家正力松太郎（元・読売新聞社社主）である。佐野はそこで、このようにも書いている。

「この夜、ロイヤルボックスのなかで万人の観客の歓呼の声にこたえて手をふる昭和天皇の姿こそ、まさしく戦後社会を生きのびる大衆天皇制の化身そのものだった」。

「天覧」とはどういう意味であるのか、天皇はどういう存在で、なんでそこにいるのかまったく理解しておらず、関心もなかったガキだった私でも、この日ラジオにかじりついて、長嶋の劇的サヨナラホームランで終った巨人―阪神戦の世をあげての大興奮の渦の中にいた、という記憶は忘れようもなく残っている。この「天覧」ホームランを中心に数々の人々の記憶に残るシーンをつくりだした、この男を引っぱり出した政治的効果は抜群であったのだ。

「天覧」試合が「四万人の観客の歓呼の声」につつまれたのなら、今度は「四万七千人」の大観客の歓呼の声が包囲したメディア・イベントであった。場所は「東京ドーム」、巨人のユニホームに身を包んだ、松井と長嶋。松井が投げて、半身を麻痺で長期リハビリ中の長嶋が使える片腕だけでスイングしてみせる、涙ぐましいパフォーマンス。「東京ドーム4万7000人が目に焼きつけた国民的行事」(『日刊スポーツ』〈五月六日〉見出し)であった。日刊スポーツの大見出しは「長嶋～!!　帰ってきたフルスイング」である。マスメディアは、こぞって大々的に報道。特にテレビは、すさまじい長時間、ナマ放送特番。安倍首相は、そこへ、巨人のユニホームをきて登場。球審までつとめ、賞の授与の儀式を、主役の一人でもあるかのように、くりひろげた。背番号は、なんと「96」。九六代首相だからと弁明。しかし、まず憲法改正規定(九六条)をゆるくする(九六条の国会議員の2／3の発議を1／2に変える)改憲から始めると、「維新の会」の助言にも従った改憲策定に、ちなんでの行為であることをも公言してみせるありさまであった。

『日刊スポーツ』には、こうある。

「06年日米野球以来、首相の立場で登場した2度目の始球式だった。背番号96のユニホームで球審を務めた。第96代首相を理由に、首相側から要請。意欲を示す憲法96条の改正の数にも重なるが、首相は『結果的にそうなった。運命とはこういうもの』とけむに巻いた」(傍点引用者)。

安倍サイドの政治的要請と演出により、首相公邸で行えばいいだけの授与式が東京ドームに大観衆を結集させる、「天覧男」を中心にすえた、天皇中心の国への改憲を公言する政治イベントにつくりかえられたことは明らかである。

もう一人、このイベント実現に執念をもやしたであろう、利害関係者は、ポスト正力である、読売新聞社会長の政治屋、渡辺恒雄である。五月五日の子供の日にあった、この大イベントの後日持たれた、首相公邸での栄誉賞夕食会に渡辺会長も同席している。スポーツ紙は、渡辺のこうした動きを、松井の巨人軍コーチ就任を、くどいている彼に焦点をあてて報道している。しかし、この間、「改憲」キャンペーンを、もっとも精力的にはり続けてきた『読売新聞』の会長渡辺と安倍が協力して大々的につくりだした、メディア・政治イベントが「東京ドーム」をフル活用した「国民栄誉賞授与式」であった、この事実のほうに私たちは注目しておくべきだろう。このセレモニーは「改憲」へ向けた一大政治イベントであったのだ。

3 「主権回復の日」イベントと「天皇陛下万歳」

この五月五日の政治イベントの直前の四月二八日には安倍首相は選挙公約通り、「主権回復の日」なる政府公式行事を、あらたにつくりだした。自民党の内部で行われていた行事を、国家行事化してみせたわけである。安倍サイドの位置づけは、七年に及ぶ連合国（米国）の占領が終って、めでたく日本国家の主権が回復し国際社会に復帰した祝うべき日。しかし、この五二年サンフランシスコ講和（それは日米軍事同盟とセット）が成立したその日は、米軍の軍事占領（基地勝手使用）の継続が確認され、占領下で強固にかたちづくられた戦後日本国家の基本的骨格が、制度として確立された日である。軍事帝国アメリカのヘゲモニー（代表人格は、国務省エリート、ジョン・フォースター・ダレス）の下に、原則的に、戦争責任〈賠償〉をパスさせた、最大被害国中国不参加のままのこの「講和」と「安保」（アメリカにしがみついた日本の代表人格は、沖縄を使ってくれの〈メッセージ〉を発した天皇ヒロヒトと首相の吉田茂）。ここでアメリカじかけの象徴天皇制国家日本は、戦時体制に動員した、朝鮮人、中国人らから「国籍」を勝手に奪い「外国人」として放り出して、〈無責任〉国家としてスタートした。それは沖縄との関係では、今日まで続いている（アメリカの要求〈辺野古新基地づくり、危険きわまりないオスプレイ配備〉まるのみの、構造的差別〈日米一体化した基地・米軍押しつけ〉政策の制度下の原点ともいう日である）。

島ぐるみで米軍基地づくりに反対しつづけている沖縄から当然、強い抗議の声が上がった。『琉球新報』（三月九日）の「社説」は、こう論じた。

「『主権を失っていた七年間の占領期間があったことを知らない若い人が増えている。日本の独立を認識する節目の日だ』安倍晋三首相は式典開催の意図をこう説明した。国を憂える政治家として面目躍如たる思いだったろうか。／しかし脳裏のどこにも、沖縄にとってその日が『屈辱の日』であることは浮かばなかったようだ。／日本が『主権』を回復したその後も、米軍占領下に置かれ「屈辱の日々を送り、72年の『日本復帰』後も過重な基地の負担を強いられ『沖縄に主権は及ばないのか』と訴えてきた県民は、首相の言う『美しい国』の国民ではないということなのだろう。／しかしその、沖縄を切り離して回復したはずの日本の『主権』は今どうなっているのか。／米海兵隊の新型輸送機オスプレイは『美しい国』の上空も飛行し始めた。いまや『日本の沖縄化』の指摘も聞こえてくる。外国軍機が飛び交う現実を前に、これが主権ある独立国家の姿だと、誇りを持って言えるのか」（「『屈辱』続いて独立国か」）。

安倍首相は、こういう抗議をまったく予想していなかったようだ（おそれいった政治感覚！）。反発の声を受けて、あわてて、「わが国の施政権の外に置かれた苦難の歴史を忘れてはならない」などと、いいわけを言い出した。

こうした態度（ポーズ）は、沖縄の人々の怒りの炎に油をそそいだ。『沖縄タイムス』の三月一四日の「社説」はこうだ。

「式典では、主権回復を祝って参加者が万歳を三唱するのだろうか。／講和条約によって主権を回復したのは、いわばマジョリティーの日本である。沖縄、奄美、小笠原という本土から離れた『マイノリティーの日本』は、条約第3条によって主権（施政権）を奪われ、米軍の統治に服したのだ。／米国は、沖縄を併合した場合に予想される国際社会からの批判をかわすため、日本の潜在主権を認めた。だが、これはあくまで形式的なもので、米国は『日本に対し真の主権を行使するいかなる権利も与えていない』という立場を堅持した。／沖縄の膨大な米軍基地は、日本の主権を排除した米軍の排他的な統治の下で、強制的な土地接収によって建設されたのである」（「屈辱の日になぜ政府が」）。

「まずは歴史を知るべきだ」のタイトルの『琉球新報』（三月一八日）の社説は、首相に歴史を知れと呼びかけつつ、こう述べている。

「当時、米国の対日外交を主導した国務省顧問のダレスは日本との交渉に先立つ1951年1月、スタッフにこう述べた。『日本に、われわれが望む場所に、望む期間だけ駐留させる権利を確保できるか、これが根本問題だ』／その後、『岡崎・ラスク交換公文』には、日米間で協議が整うまで米国は希望する場所に、基地を置き続けていい、という趣旨の文が盛り込まれた。ダレスの宣言通りの結果になったのだ。／日米地位協定により、今、米軍は基地の『排他的管理権』を持つ、基地の使い方は常に米軍が勝手に決め、日本側に発言権はない。日本の空に何を飛ばそうが日本政府は事実上、口を挟めない。主権のまるでない今日の対米従属の源流はこの時の交渉にあったのである。／外務事務次官を務めた寺崎太郎氏は講和条約について自伝でこう記す。『時間的には平和（講和）条約―安保条約―行政協定（地位協定の前身）の順でできたが、真の意義は逆で、行政協定のための安保条約、安保条約のための平和条約でしかなかった』／ダレスは講和条約の立役者だが、その狙いは、日本を独立させることで占領のコストを削減すること。そして再軍備を進めさせて共産主義への防波堤にすることだった。外交関係者の論文でそれが明らかになっている。／その際の最も重要な前提条件が『米軍の基地の自由使用権』であり、交換公文に潜り込ませ、行政協定で保証した。日米安保条約を結んで基地存続を明記し、その上で、講和条約で日本の独立を認めたのだ。／講和条約は沖縄を『質草』に差し出して独立した条約だ。その施政権切り離しが今日の基地集中を招いた。そして交換公文と地位協定で主権を売り渡したために、県民の人権・尊厳を脅かす結果となった。これを祝えるわけがない」（傍点引用者）。

「潜在主権」というベールをかぶせて切りすてられた沖縄の怒りは、まったくあたりまえである。しかし、この歴史的プロセスが明示しているのは「売り渡された」主権は、沖縄だけでなく、「日本」全体であるということだ。「潜在主権」（residal Soverignty）のベールは、実は切り離された「沖縄」とは、レベルが違うが、「日本」全体にかぶせられたベールであったのだ。

沖縄の人々はもちろん、「本土《ヤマト》」に住む私たちも「これを祝えるわけがない」のだ。

天皇（夫妻）出席の式典では、会場からの「天皇陛下万歳」の声にあわせて、安倍首相らが「万歳」をしてみせることまでが演出された。さすがに「国民主権」の憲法下で、これを公式のプログラムにくみこむことは安倍たちはしなかった。突然（偶然）それが実現したかのごとく政治演出したのである。こういう演出には前例がある。ヒロヒト天皇の時代、佐藤栄作首相の時代の「明治百年」を祝うイベントの時のことを、石原慎太郎は、こう回想している。

「式典が進んでいき、最後に体育大学の学生たちによる立体的なマスゲイムが行われ、その後、佐藤総理の音頭で日本国万歳が三唱され式は終わった。／やがて司会のNHKのアナウンサーが、／『天皇、皇后両陛下がご退席になります』／と報せ、参加した全員がまた立ち上がって両陛下をお見送りした。／そしてあのことが起こったのだ。／それが起こった瞬間に、私だけではあるまい、出席していたほとんど全員が、この式典には実は何か一つだけ足りなかったかを知らされていたと思う。／壇上から下手に降りられた両陛下が私たちの前の舞台下の床を横切って前へ進まれ、丁度舞台の真ん中にかかられた時、二階の正面から高く澄んだ声が、／『テンノオー、ヘイカッ』／叫んでかかった。その瞬間陛下はぴたと足を止め、心もちかがめられていた背をすくっと伸ばされ、はっきりと声に向き直って立ち直されたのだった。／そしてその陛下に向かって声は見事な間をとって、／『バンザァーイッ！』／叫んだ。／次の瞬間会場にいた者たちすべてが、実に自然に、晴れ晴れとその声に合わせて万歳を三唱していた。私の周りにいた社会党の議員たちも全く同じだった。そして誰よりも最前列にいた佐藤総理がなんと嬉しそうな、満足しきった顔で高々と両手を掲げ万歳を絶叫していた。／あれはつくづく見事な『天皇陛下万歳』だったと思う。あの席にいながら、あれに唱和出来なかった日本人がいたかも知れぬなどとはとても思えない[5]」。

「両手を掲げて万歳を絶叫してい」る安倍首相らの写真が新聞に大きく載っていた。「天皇を中心とした国」をうたう「改憲」を目指す、安倍首相らの「改憲」が、「天皇陛下万歳」式典があたりまえになる国家への回帰（立憲主義＝民主主義の破壊）であることを、それは宣言している政治セレモニーであったのだ。

それにしても「主権を売り渡す」ことで成立した安倍らの天皇主義ナショナリズムは、あまりにハチャメチャである。だいたい、サンフランシスコ「講和」は大東亜戦争肯定論者である安倍らが否定してやまない「東京裁判」の判決を前提にして、安倍らが「決別」すべきとする「戦後レジーム」をつくりだしたものであるはずだ。日米安保を「国体」とする、米軍絶対の「売国」ナショナリズムという、自己矛盾が、こういう分裂的な論理を生みだしているのだ。公然たる論理の自己矛盾など、いっさい気にかけずに「天皇陛下万歳」と叫び「強い日本」などというムード的スローガンに自己陶酔しているだけなのだから、あきれる。

4 原発再稼働――〈公然たる推進派〉vs〈隠然たる推進派〉

五月一九日の『朝日新聞』の一面のトップ記事は、こうだ。

「電力会社や原発メーカーのトップらでつくる『エネルギー・原子力政策懇談会』(会長・有馬朗人元文科相)が2月に安倍晋三首相に渡した『緊急提言』づくりに経済産業省資源エネルギー庁がかかわり、手助けしていたことがわかった。提言は原発再稼働や輸出推進を求め、原子力規制委員会の規制基準や活断層評価を批判している。経産省が原発を動かしやすい環境づくりに動いている。」

「主な内容」として五つの柱が紹介されている。

「福島に廃炉技術の国際研究開発センターを設立」が第一。第二が「放射能の正しい理解を可能とするため、初等・中等教育の充実」。第三が「(原子力規制委員会の安全規制について)わが国最高水準の英知と最大限の情報を活用した検討が実現していない」。第四が「わが国の原子力関連技術に対する世界各国からの期待が大きく、原発輸出に対する政府の姿勢を明確化するべきだ」。第五が「政府は徹底した安全性の確保を行い、停止中の原発の再稼働を図るべきだ」(傍点引用者)。

「エネ庁」幹部が、「原子力政策課の職員が提言のもとになる文書をつくったことを認めた」とそこにはある。

ここには安倍政権が、原発「再稼働」(そして原発輸出)へ向けて、暴走しだしている姿が如実に示されている。

ここで、特別に注目すべきなのは、一時、ゼロの状態に追いこまれた原発を再稼働させるため、その許されざる再稼働を、なんとか正当化してみせるため（新しい「安全基準」でもうだいじょうぶ、という新「安全神話」づくりのため）、野田民主党政権がスタートさせた組織。安倍自民党政権下のいま活発に動きだしているその「原子力規制委員会」を公然と批判している点である。

これが何を意味するかを、キチンと考えておかなくてはなるまい。二月二〇日の『朝日新聞』には「原発推進派　規制委批判のピンぼけ」のタイトルの以下のごとき社説がある。

「自民党やメディアの一部から原子力規制委員会に対する批判が急速に高まっている。／原発敷地内の活断層評価や安全基準づくりで『公正さに欠ける』という。批判の出どころは、もっぱら原発の再稼働を急ぐ人たちだ。／やれやれ、である。規制委の創設にあたって『独立性を高めよ』と強く主張したのは自民党だ。脱原発に動く民主党政権の影響力を排除するためだった。／ところが、実際に動き始めた規制委は、科学的な見地に判断基準を絞り込み、厳格な姿勢を貫いている。／原発推進派からすれば、計算外だった。これでは再稼働がままならない。そんな危機感が、規制委攻撃につながっているとしか思えない」。

この後、規制委の人事が旧原子力安全・保安院や文部科学省からの横滑りであったことや、電力会社とつながっている面などの問題がないわけではないことにも、ふれながら、この「社説」はこのように結ばれている。

「そもそも、田中俊一委員長は脱原発派から『原子力ムラの住人』と指弾されてきた。原子力の役割を重視しているのも確かだ。『将来的に原発ゼロにすべきだ』とする朝日新聞の社説とは立場が違う。／ただ、規制委は少なくとも事故の反省にたち、信頼回復の第一歩として厳格に原子力と向きあっている。そんな専門家たちの営みを、原発推進派がつぶそうとしている。／なんとも不思議な光景だ」（傍点引用者）。

ここに示されているのは、原発推進派と対決し、再稼働にブレーキをかけ、まともに「安全」チェックをしている「原子力規制委員会」というイメージである。なんとも不思議な光景だ。

五月一六日には、原子力規制委員会の有識者会議は、日本原子力発電敦賀原発2号機（福井県）の原子炉直下の断層を「活断層」と断定、廃炉の方向をうちだした。

この日の直前の五月一三日には、核燃料交換装置が落下するという事故以後、停止するしかなくなっている「高速増殖原型炉『もんじゅ』（福井県敦賀市）に、初めての使用停止命令」をだす方針を「規制委」が固めたという事も、大きく報道されている。

この事を通して、科学的判断に立った「規制委」は、それなりに、よくやっているというムードが、メディアをあげてつくりだされている。なんとも不思議な光景である。

考えてもみよ。一九九五年に出力試運転スタート直後、ナトリウム漏、十五年間再開できず、再開直後、またとんでもない事故、福島原発事故後、当然にも廃炉の方針がうちだされたにもかかわらず、無理やり存続を決められた「もんじゅ」。しかしいたるところ点検作業は放置されっぱなし、技術的なメドがまったくたっていないものに、すでに一兆円におよぶ国費が投入されてきた。あげくに、炉直下の断層は、近くの活断層と連動するものであることが、明らかに。こんなものを、「使用停止」にすることなど、まったくあたりまえのことではないか。動かそうとしてきたこと自体が正気のさたではない。あまりにも異常である。敦賀二号機についてもこの地震列島の「活断層」の真上に原子炉をつくるなどということが、何故ありえたのかの方こそ問題。廃炉への方向づけが遅すぎる。

二〇一二年九月一九日に原子力規制委員会は、反対の声を押さえこんで、つくりだされた。「原子力ムラ」関係者の委員がゾロゾロおり、特に決定的な権限を持つ委員長の席には、日本原子力研究開発機構の副理事、原子力委員長代理、原子力学会会長を歴任してきた人物（田中俊一）が座った。利権共同体「原子力ムラ」の中心人物として「もんじゅ」を推進してきた原子力事業会にへばりついて生きてきた男である。いいかえれば、原発「安全神話《デマゴギー》」をたれ流して、今回の悲惨きわまりない福島原発事故の原因を直接的につくりだした責任者の一人である。経済産業省の中にあった「原子力安全・保安委」中心の「規制行政」は、業界・国のバラまく金にめがくらんで、まったくメチャクチャ、「規制」のポーズ以外なにもなかったこと、そのグロテスクな実態はこの間、様々な面から明らかになってきた。いくらなんでも、この大事故を前に、ポーズだけでも反省してみせ、あまりにも、異常な行政を正していく姿勢を示さなければ、人々も納得しまい、ということで、つくられたのが、この信じがたい無責任人事の上に成立した「規制委」である。そこが「活断層」があろうが、ないことにして、オーケー。恐しい事故が続いて、うまく動かせない上に、点検など、まったく手抜きでも、とにかく「運転」しようという、人間の手におえない放射能被害ということを考えたら、その異常さは信じられない。そうした今までのその行政姿勢を少し修正してみせたからといって、多くの原発を再稼働させるための「基準」（七月まで）づくりの作業のプロセスで、いくつかの原発（あまりに明々白々に危険なそれ）を「停止」・「廃炉」を方向づけたからといって、「よくやっている」などと評価することが、できるわけあるまい。

目先の利害だけで、暴走している原子力資本の公然たる「再稼働推進派」を少しだけチェックしてみせる、〈隠然たる再稼働推進派〉である「規制委」（『朝日新聞』「社説」）、この両者のくりひろげる、構造的な八百長ゲームに、まどわされてはいけない。

この表面的には対立している、〈公然たる推進派〉と〈隠然たる推進派〉の、対決のゲームの土俵に人々を操作的にまきこんで、「合理的に」(とにかく、どうにもならないものは、いくつか「停止」・「廃炉」にし)原発再稼働を実現していく。これが民主党野田政権を、その点は引きついだ、安倍政権の政策である(国会同意もとれずに成立していた「規制委」「例外」人事は安倍政権下で二月一四日一五日に成立)。

今、くりひろげられているのは、原発安全規制行政などではなくて、あれだけの福島事故の直後の今、まったく事故原因のまともな調査もしない(できない)ままの、原発再稼働という信じられない、非人間的な暴力的行政なのである。マス・メディアのイメージ操作の政治の目くらましに、今度こそ、まきこまれてはいけない。

この間つくりだした「原発再稼働阻止全国ネットワーク」の事務局会議での長い討論をふまえて、私は以下の文章を「全国ネット」のネットで発した。それをここで引いておく。タイトルは「原子力規制委員会の『基準』づくり自体への批判を」である。

——四月一〇日、原子力規制委員会は、原発の「規制基準案」なるものを提示した。この日は、福島第一原発の地下貯水池で相次いでいる放射能汚染水の水漏れ事故は、池の構造的欠陥がもたらしているものであり東電の汚染水計画が全面的に破綻したものであることが、その恐ろしく無責任な実態が明らかになった日でもあった。それは「規制委」と「東電」のなれあいという現実を、あらためて露呈するものである。「規制委」はこの構造的欠陥をまったくチェックしていなかったのであるから。

四月九日の『朝日新聞』の「社説」は、こう論じている。

『汚染水の一部が漏れた。／先月に起きた長時間の停電を含め、原発事故がなお継続していることを物語る』。

「規制委」の成立それ自体を正面から批判することは決してしないマスメディア、その代表の一つともいえる『朝日』ですら、事故はまったく終っていないという、あたりまえの事実を公言せざるをえなくなっている状況がそこにある。

この決定的な局面で、私たちの〈再稼働反対＝規制委批判〉の運動の論理の原則を再確認することが必要である。原発再稼働への公然たる動きがスタートしたのは、野田民主党政権下であった。二〇一二年六月八日、野田は関西電力大飯原発の3・4号機再稼働手続きを進めると宣言。彼は二〇一一年一二月一六日に早々と『事故収束』を海外に向かって宣言していた。「収束」などしようもない事態を前に、「冷温停止状態」になったのだから、「収束」したと強弁してみせた。このデタラメの政治的強弁をテコに、再稼働政策は一気に現実的プロセスとされてしまったのである。大飯の再稼働はスタートし、原子力規制委員会はつくりだされてしまったのだ（二〇一二年九月一九日）。そして「規制委」は「安全基準」という再稼働のための基準づくりに、中立の立場をよそおいながら突き進んだのである。

いったい、「冷温停止状態」なる言葉を、メルトダウンしてしまっている原発（それも三基もだ）に使うことは可能なのだろうか。核燃料が溶けてしまい、（一号機はまるごと）ほとんどの部分が「格納容器」の外に流れ出してしまっており、二号機、三号機に残っているのが、どれくらいかさっぱりわからず、確認する方法がまったくない状態の空前の大事故を前に、「冷温停止状態」だから「収束」

などという論理が成立するわけもないのだ。私たちの運動は、このスタート時点でのとんでもないインチキと政治操作への原則的批判を持続する努力が不足していた。

野田政権も、交替した自民党安倍晋三政権も（「規制委」）ふれずにきたが、メルトダウン事故の、本当の「収束」は、何十年（あるいは百年）はかかるとされている、まだ実現したことのない「廃炉」を実現するまではありえないことなのだ。だとすれば、「収束」のために必要なのは、再稼働のための「規制委」などではなく、「廃炉」のための委員会（あるいは〈廃炉機関〉〈防災機関〉という日本列島住民に透明な新しい組織）だったはずである。

私たちの運動は、この権力とマスコミの一体化したスリ替え、（新たな「安全神話」づくり）とうまく闘えずにきてしまってていないか。

今、事ここに至って、経済産業省資源エネルギー庁は、「廃炉作業の安全性監視・検討」のための「規制委」の専門家会合にエネ庁職員を参加させるべく動き出している。しかし、「廃炉作業」が「規制委」中心の機構で、まともに監視チェックされるなどということはありえないだろうことは、この間の汚染水漏れの事故で、あまりにも明らかではないか。

私たちは、この「廃炉＝事故収束」作業を監視しながら、日本列島住民に透明な「廃炉機関〈防災機関〉」をこそつくれ！　という要求を正面から対置し続けるべきではないか。少なくとも「規制委員会」の「基準」づくりそのものがインチキでペテンだという批判を鋭く大衆化していく努力をつみあげていくべきではないか。今、福島事故を踏まえた「基準」などをつくる条件は、まったく存在していないのだから。

放射線量が高すぎて「炉」の中を見ることなどまったく不可能で、近づくことさえできない場所だらけの状況で、まともに事故原因など確認できない、そういう客観的状況は誰もが認めざるを得ないのに、どうして「基準」がつくられているのだ。

もう一点、忘れてはいけないことがある。この人為大事故の「犯罪現場」を管理しているのは犯人であることはまちがいない、「東電」なのである。そして調査はその犯人が提出するデータに基づいていろいろなされているだけなのだ。だから、国会事故調メンバーに「真っ暗闇」で視えないとの嘘をついて、地震で炉自体が破壊されていたであろう事実を隠蔽するような事が絶えないのだ（そうだとすれば、「基準」の前提〈津波で壊れた〉が崩壊し、ペテンの論理そのものが、なりたたなくなってしまうからだ）。

子供たちの間で、嘘つきを「東電マン」と呼ぶことが流行しているらしい。嘘つき専門家「東電マン」のデータに依拠したインチキ「基準」づくり、そのものへの批判にこそ、今こそ私たちは運動の全力を投入すべきではないか。

——

五月二〇日の『朝日新聞』（夕刊）のトップ記事に、こうある。

「日本とインドの両政府が原子力協定締結に向けた公式協議を再開する見通しとなった。東京電力福島第一原子力発電事故を機に止まっていたが、日本製原発の輸出へ加速する。29日に東京で開かれる安倍晋三首相とシン首相との首脳会談で、こうした方針を共同声明に明記する方向で調整している」。「共同声明には『原子力協定の早期妥結』といった表現を盛り込むことも検討。協定が締結されれば、インドに日本企業が原発関連の技術・物資を輸出できるようになる。／協定に関する公式協議は2010年から3回開かれたが、11年3月の福島の事故で中断。野田政権当時の11年12月の首脳会談で協定締結へ努力していくことを確認したが、協議は非公式にとどまっていた。／ただ、産業界は原発という得意分野で輸出できないダメージが大きいとして、政府に交渉再開を働きかけてきた。世界原子力協会によると、インドには建設中の原発が5基、計画が18基ある。インドとの関係と産業活性化を重視する安倍首相は、締結に前向きに取り組む考えだ」。

一たび「事故」が起これば、どれだけ恐ろしい被害がひきおこされるか、体験し続けながら、どうして、「産業活性化」(カネ)のためならばと、こんなものを輸出する政策がとれるのか(事故などなくても、「放射能」は海に空に、たれ流され続け、それは被曝労働(者)なしでは運転され続けることができないしろものであることが、ここまで明らかにされてきているのに)。

原発再稼働政策と原発輸出政策は連動している。そして、輸出へ向かう原子力資本の中心製造メーカーの資本は、アメリカ(そしてフランス)と組んだ多国籍資本である。

「スリーマイル島事故」以来、自国の原発づくりが、うまくまわせなくなったアメリカ帝国の支配者たちは、原発先端技術を日本の原子力メーカーを使うことで維持しようとしていることは公然たる事実である。日本の原発を再稼働させつつ、原発輸出の世界的セールスを可能にする技術を維持する。これが、アメリカ帝国が日本の原発を再稼働をさせようとする、本当の動機である。

なによりもアメリカ帝国の核軍事力にすがりつく体制をこそ強化しようとしている天皇主義右翼(極右ナショナリスト)安倍政権は、沖縄への米新基地づくり(オスプレイ配備)など、すべてアメリカのいいなり、原発再稼働も輸出も、アメリカの意向をくんでこそなのである。憲法「改正」も、もちろん米(軍)の意思をくんでなのだ(ナニが「占領憲法」をかえろダ!)。

自民党内の根づよい反対を押さえ込んでのアメリカ主導のTPP(環太平洋経済連携協定〈Trans-Pacific-Partnership〉)交渉への参加も、そうした政治体質の結果である(人々の農・食・医療を危うくすることが、これだけ問題にされていながら)。

アメリカ帝国のヘゲモニーに、尾をふる〈ポチ〉のいう「強い日本」とは徹頭徹尾アメリカに「弱い」日本である。この「売国《ポチ》」ナショナリズムの支離滅裂。

とにかく、原発再稼働をいそぐ安倍政権の、日本列島住民の命をもてあそぶ政策をこれ以上許してはいけない。

この政権は、マス・メディアのイメージ操作の全面化で、人々に具体的に問題にそくして事実を認識させることをできなくさせようとしているのである。「強い」「美しい」日本というナショナリズムの気分にまきこんで。このイメージ操作(気分)の政治に対して、私たちは、一つ一つ具体的な事実をふまえた討論を、あらゆる場所でつくりだし、対決しぬかなくてはなるまい。

(『インパクション』一九〇号、二〇一三年六月)

註

(1) 上杉隆『官邸崩壊』幻冬社文庫、二〇一一年。

(2) この点については私の「日本型『歴史修正主義』安倍政権批判〈ポチナショナリズムをめぐって〉」『季刊運動〈経験〉』二二号、二〇〇七年八月、参照。

(3) その右翼人脈については『安倍晋三の正体』週刊金曜日編、二〇〇六年参照。

(4) 佐野眞一『巨怪伝——正力松太郎と影武者たちの一世紀』文藝春秋社、一九九四年。

(5) 石原慎太郎『国家なる幻影——わが政治への反回想』文藝春秋社、一九九九年。

象徴天皇制国家〈無責任の体系〉の「誤れる」スタートの日によせて
――「4・28〜29」連続行動

4・28を長く沖縄の反基地闘争に連帯する「本土」での反安保運動を持続していた「反安保実行委員会」があらためて「沖縄闘争」の日として取り組みだしたのは、あの六〇年安保反対運動から五〇年たった二〇一〇年であった。この年は、民主党鳩山政権の、まったく実行されなかった沖縄米軍基地の県外移設の「公約」をめぐって、沖縄に米軍基地をひたすら集中させている、日米安保条約体制の「構造的差別」の実態が、沖縄の人びとの怒りの行動をテコに、あらためてクローズアップされる状況がつくりだされた時であった（沖縄の力強い抵抗は今日までさらに持続している）。

四月二九日は、かつて昭和天皇の誕生日として祝われた日であり、死後は「みどりの日」を経て「昭和の日」とされ「昭和天皇」（昭和国家）の歴史の全面賛美のための「祝日」の日とされてきた。この日は、反天皇制運動の実行委が例年、反「昭和の日」行動をつみあげてきた。

「反安保実」が四月二八日「沖縄・安保闘争」デーの取り組みを開始すると決めた三年前、それならその日は「反天実」と共催というかたちにして4・28と4・29連続行動というスタイルで取り組んだらどうか、二つの「実行委」にスタート時点から参加し続けていた私は、このように提案したことを覚えている。

三年目の今年は、再来した極右安倍晋三政権によって、権力の方からストレートにその連続性が政治演出される事態となった。なんと天皇（夫妻）出席の政府式典である「主権回復の日」なるものが4・

28に準備されたのである。

私たちは「誤った戦後国家のスタート『主権回復の日（4・28）を今こそ問う！――沖縄・安保・天皇制の視点から」の集会を、三年前同様、沖縄から新崎盛暉を講師として招き、作り出した。私は、反天皇制運動と反安保・沖縄連帯行動の長い持続を通して、一九五二年四月二八日、あのサンフランシスコ講和条約と日米安保条約（こちらの方はひっそりと）がセットで成立した時こそが、アメリカ帝国に組み込まれた象徴天皇制国家が制度として確立された日であった、という認識（それは米日による構造的沖縄差別〈二重の植民地支配〉の制度的スタートの日でもあった）をやっと手にしていた。「主権回復の日」という天皇式典の浮上は、この日の「誤れる」戦後日本国家のスタートを歴史的に鋭く具体的に問い直す運動をつくりだすチャンスとして逆用すべし、そういう私（たち）の思いが、この「誤れる」という言葉にはこめられている。私たちは、討論をつみあげた。

一つは、この「講和」は、日本の侵略と植民地支配の最大の被害国中国が排除されて成立している点に象徴され、そしてアメリカ（ジョン・フォスター・ダレス）のヘゲモニーで「無賠償」原則であったことに示されるように、植民地支配・戦争責任を問わない〈無責任国家〉のスタートであった点である。それはその最高責任者ヒロヒト天皇が天皇として延命している点にも、より端的に表現されているわけであるが。その天皇の沖縄売り渡しのメッセージが、米国務省ラインでフル活用され、日本に「潜在主権」を残してというペテンのような論理がつくりだされ、米軍の沖縄支配の連続が「国際社会」に保障されたという点がさらに問題である（「天皇メッセージ」こそが、構造的沖縄差別の中核に存在しているのだ）。この「講和」によって、戦争に戦時体制に「日本人」として協力させられていた朝鮮人・台湾人などの旧植民地出身者は、まったく一方的に日本国籍を剥奪され、ひたすら治安管理の対象として扱われる事態がうみだされたのである（この体系化された〈無責任〉ぶり！）。

もう一点は、「安保」（国会で審議もされなかった行政協定〈現在の地位協定〉）によって、米軍基地の勝手な使用権が持続した点（この点はまちがいなく「独立」のベールの下に〈占領〉は継続され続け、今日にいたっているのである）。

私たちの「共同声明」としてまとめられた、安倍政権の「主権回復」史観に対置された私たちの戦後国家認識は、4・28をヤマトから切り捨てられた「屈辱の日」として記憶し続けてきた沖縄の人びとの「怒り」と対応するものである。

予想どおり、危険きまわりない「オスプレイ」を米軍と日本政府によって集中的に配置され続けている沖縄の人びとの怒りに、この式典は火を注ぐ結果となった（巨大な抗議集会、知事の不参加）。「占領憲法」を改正するための「主権」はこの日に「回復」したのであるという歴史認識なるものを対置した安倍政権は、この怒りをまったく予想すらしなかったようだ（それは「沖縄などの苦難」への配慮などと、あせって後に口にしだしたことによく示されている）。この歴史オンチの支離滅裂。だいたい「安保」を絶対神聖とする安倍政権は、「講和」で「主権は回復」したと祝いたいらしいが、「講和」は彼らが否定してやまない「占領憲法」「東京裁判の判決」が支配の制度として確認された日ではないか（このハチャメチャな自己分裂）。

4・28～28の連続行動を通して〈歴史認識〉という土俵でこそ、この政権と対決し抜く必要をあらためて実感した。

（『反天皇制運動カーニバル』三号、二〇一三年六月一一日）

安倍「壊憲」政権の「ナチス」ばりの政治的「手口」への批判を！

八月一五日の反「靖国」行動へ向かって、七月二八日に私たちは「安倍改憲と八・一五」をテーマに討論集会を持った（主催は「ゴメンだ！安倍政権 歴史認識を問う八・一五反「靖国」行動実行委）。様々な課題（それを担っている運動）をクロスさせて、安倍政権の改憲構想（自民党改憲草案）をトータルに批判的に検証しようという討論会である。私は「靖国」（政教分離原則）をめぐる改憲プランの歴史について発言。討論の中で、九六条（改正手続）をゆるめ、三分の二を過半数へをまず突破口にしようという、「維新の会」の提案に乗った、安倍「壊憲」の手口の姑息さ、法律とは違って、権力者の恣意を許さないためにつくられた憲法が「硬性」なのは、立憲主義の精神からしてあたりまえといった点を理解していない、デマゴギーに満ちた安倍（政権）の発言についてもふれた。それは、自民党内ですら反発をうみ、改憲派の憲法学者の怒りすらかう事態を引き起こす状況がうまれ、自分の提案を「修正」せざるを得ないところに追いこまれているのだ。

東京電力福島第一原発の高濃度汚染水が海に漏れ続けているという恐るべき事態について、「東電」はやっと認めた（八月二日原子力規制委員会に報告）、一日当たり約四〇〇トンの地下水が海に流出し続けていた可能性が大であるというのだ。その状態が、なんとまともな対策をなされずに二年間以上放置され続けていたのだ。いくらハレンチの極みの「東電」としても常軌を逸した行動である。安倍政権や「原子力規制委」は、いったいなにをしていたのだ。なぜ、こんな「放置」が容認され続けてきたのか。七月八日、「規制委」によって原発再稼働へ向けて「規制基準」なるものが施行され、電力四社は五原発一〇基の再稼働を「規制委」に申請。汚染水タレ流しが象徴するように、あらゆる点で福島原発「事故」は、収束などしておらず、まともに事故原因を調査する前提などない（メルトダウン・スルーした核燃料がどうなっているのかまったくわからない、調べようもない状況なのだ）、それでどうして福島事故を踏まえた新しい「基準」などつくれるのか。再稼働ありきの政治の「再稼働基準」づくりを許すな、「再稼働阻止全国ネットワーク」に結集していた私たちは、そう主張し続けてきた（七月八日にはいくつもの「原発立地」のグループとともに、「全国ネット」は「規制委」と「東電」への抗議行動をくりひろげた）。

安倍自民党圧勝の参院選を、反対「世論」が多数の原発再稼働については、安倍は「規制委」がつくった「安全基準」は世界最高と放言し、これをパスしたものは問題ない、と強弁するという手口で、うまくのりきった。「東電」が突如大量のデータを示し海中への汚染水もれを認める会見を持ったのは、選挙直後である（七月二二日）。このタイミングでの発表にも、安倍政権の手口が読める。この一ヶ月以前から、あの「規制委」ですら、汚染水海中漏えいに関する「調査分析」を指示していたのである。都合の悪い恐ろしい事実は、選挙後へ、という手口が、そこに透けて見えないか。

今、七月二九日の麻生太郎副総理兼財務相が、自分たちの改憲政策について、ドイツのナチス政権を引き合いに「あの手口を学んだらどうか」との発言が、海外から大きく批判されだし（当然のことダ！）、撤回に追い込まれつつ、国内でも問題にされだしている。「ナチス」の犯罪的「手口」に学ぼう、というのは麻生の、いや安倍政権のホンネである。すでに十分に学んできているではないか。だいたい九六条をまず変えて、ルール変更で、その後静かにまとめて突破なら、悪行があまり気づかれまい、という発想が、そこによく示されているではないか（この手口である）。

八月二日の『朝日新聞』（夕刊）のトップ記事は「集団的自衛権解釈変更の布石」のために「法制局長官に容認派」の「起用」というニュースである。

「安倍晋三首相は内閣法制局の山本庸幸長官を退任させ、後任に小松一郎駐仏大使をあてる方針を固めた。集団的自衛権の行使容認に積極的な外務省出身者を起用することで、容認に向けて体制を整える。8日の閣議で正式に決める方針だ。／小松氏は外務省で条約課長や国際法局長を歴任。第一次安倍内閣では、首相の私的諮問機関『安全保障の法的基盤の再構築に関する懇談会』（安保法制懇）の事務作業に関わった。法制局は内部から昇格するのが通例で、法制局幹部経験のない小松氏の起用は異例」（傍点引用者）。

権力者のための異例の暴力的人事。アメリカとともに世界のどこへでも戦争に出かける体制を「解釈改憲」でつくりだしてしまうための暴挙。これが「ナチス」に学んだ「手口」以外の何であろう。今、その「政治的手口」に批判の眼が集まりだしている。「ナチス」まがいの「政治的手口」への集中的批判を！

（『反天皇制運動カーニバル』五号、二〇一三年八月六日）

安倍「壊憲」政権の政治的「手口」
——それはすでに「ナチス」ばりである

1　麻生「ナチスに学べ」発言

語るに落ちる、とは文字通り、このことである。もちろん麻生太郎副総理兼財務相による七月二九日の改憲と国防軍の設置などを提言する公益財団法人「国家基本問題研究所」（櫻井よしこ理事長）の講演での「ナチスに学べ」発言である。後にテレビにも流されたものだ。まず新聞に紹介されている「発言要旨」を引く。

「日本が今置かれている国際情勢は、憲法ができたころとはまったく違う。護憲と叫んで平和が来ると思ったら大間違いだ。改憲の目的は国家の安定と安寧だ。改憲は単なる手段だ。騒々しい中で決めてほしくない。落ち着いて、われわれを取り巻く環境は何なのか、状況をよく見た世論の上に憲法改正は成し遂げられるべきだ。そうしないとまちがったものになりかねない。／ドイツのヒトラーは、民主主義により、きちんとした議会で多数を握って出てきた。選挙で選ばれた。ドイツ国民はヒトラーを選んだ。ワイマール憲法という当時ヨーロッパで最も進んだ憲法（の下）で出てきた。憲法が良くてもそういったことはありうる」。

ここまでは、それなりにいっていることが理解できないわけではない。ドイツ国民は、「良い」ワイマール憲法下の選挙でヒトラーを多数派に選んでしまった、というのは歴史的事実である。「平和（人権）」憲法下で、日本国民は、「安倍―麻生」自民党政権を選んでしまったのと同様に確かに「そういったことはありうる」のだ（もちろんヒトラーが首相になったのは大統領指名であるが）。

ここまでは、ナチス（ヒトラー）政権と自分の政権を肯定的に一体化しているわけではない。さて、ここからが問題である。

「憲法の話を狂騒の中でやってほしくない。靖国神社の話にしても静かに参拝すべきだ。国のために命を投げ出してくれた人に敬意と感謝の念を払わない方がおかしい。静かにお参りすればいい。何も戦争に負けた日だけに行くことはない。／『静かにやろうや』ということで、ワイマール憲法はいつの間に変っていた。誰も気が付かない間に変った。あの手口を学んだらどうか。僕は民主主義を否定するつもりもまったくない。しかし、喧噪（けんそう）の中で決めないでほしい」（傍点引用者）。

　このくだりでは、麻生はまちがいなくナチス（ヒトラー）政権と一体化し、自分たちも、その犯罪的手口に学ぶべきだと主張している。主体の位置づけが大きく転換した麻生らしい支離滅裂な主張ではあるが。後半の方が、彼が主張したい本音がストレートに表現されている。こちらが「語るに落ちた」部分であることはまちがいあるまい。

　侵略戦争を歴史的に正当化している「靖国神社」。そこに人びとをその戦争に強制的に「動員」した（死を強いた）主体である国家（権力）の側の人間が、その死者を国の「英霊」としてたたえるために「参拝」してみせる儀礼。かつて侵略された地域の人びとが、そして「日本」の民衆が、その無責任な政治姿勢（国家儀礼）に抗議の声を上げるのは、あたりまえのことである。ところが麻生にとっては、そうした声は、「狂騒」であり、「喧騒」にすぎないのだ。「静かに」「気付かない」うちに変えてしまう手口に学ぼうという主張は、権力者に都合の悪い批判の声が大きくならないうちに、ナチス（ヒトラー）のようにうまくだまして変えてしまおう、という主張である（麻生にとってはナチスの手口が本当のところ「静か」であったかどうかという歴史的事実など、どうでもいいことなのだ）。ファシストに都合いい権力を憲法の理念を無視して、うまくつくりだした「手口」に学ぶことが大切なのである。

　彼は「民主主義を否定するつもりはない」などと語ってはいるが、民主主義全面否定の独裁政治への願望が、実は、あからさまに表現されているのだ。

安倍政権の応援団である『産経新聞』の社説（八月三日の「麻生氏失言」）は「発言の全文を読めば、麻生氏にナチスを正当化する意図がないことは明らかだ。しかし『学んだらどうか』といった、ナチスの行為を肯定すると受け取られかねない表現を用いたのはあまりに稚拙だった」などとうまくない表現一般に流しこんで弁護してみせているが、ナチスの独裁的、暴力的、欺瞞的「手口」を正当化し、それにこそ学ぼうと呼びかけているのは、あまりにも明白ではないか。この「社説」のタイトルは「改憲論への影響を避けよ」であることによく示されているように「壊憲」キャンペーンを持続してきた。このメディアは、この発言が「壊憲」へのブレーキになることを心配して、このような「政治主義」的解釈をしてみせているのだ（その点は麻生「ナチス発言」への安倍ら自民党リーダーたちのコメントに共通している）。しかし、その『産経』ですら、こう語っている。「麻生発言の誤りはナチス政権がワイマール憲法を改正し、新たな憲法を制定したかのように理解していることだが、そのような史実はないことも指摘しておきたい。ナチスは一九三三年、暴力を背景に、ドイツ国会において全権委任法を成立させ、ワイマール憲法を死文化させて独裁につなげたのである」。こんな具合に史実についてはふれているのだ。

ドイツ共産党が国会に放火したという事件を、自分ででっち上げたあげく、暴力的に「全権委任法」を成立させて、ワイマール憲法を死文化させて独裁につなげたことはまちがいない。麻生は、ドイツのそうした具体的な歴史については、よく知らない人物であることは明らかである。しかし、巧みなデマゴギーの操作で、うまくナチスがヒトラー独裁体制をつくりだしたという点は、よく認識していたのである。安倍―麻生自民党政権の「壊憲」も、そういったインチキな反民主主義的な「手口」で、実現したいものだと語っているのだから。日本語も、よく使えないことで有名なこの男が、ドイツ（ナチス）の具体的歴史的事実についてまったく無知なのは驚くにあたいしない。しかしナチスが謀略と暴力の「手口」で権力を手にしたことについては十二分に認識していたのだ。彼にとってはその「手口」をこそ、まねることが大切だったのだから。もちろんこの「手口」の延長線上にユダヤ人大虐殺がうみだされたことについては、まさか知らなかったわけではあるまい。

　批判の声が、海外で大きくなり、麻生は八月一日、「撤回」。その時のコメントはこうだ。

「七月二九日の国会基本問題研究所月例研究会における私のナチス政権に関する発言が、私の真意と異なり誤解を招いたことは遺憾である。／私は憲法改正については、落ち着いて議論することが極めて重要であると考えている。この点を強調する趣旨で、同研究所においては、喧騒《けんそう》にまぎれて十分な国民的理解及び議論のないまま進んでしまった悪《あ》しき例として、ナチス政権下のワイマール憲法に係る経緯をあげたところである。私がナチス及びワイマール憲法に係る経緯について、きわめて否定的にとらえていることは、私の発言全体から明らかである。ただし、この例示が、誤解を招く結果となったので、ナチス政権を例示としてあげたことは撤回したい」。

　海外からの批判の声の大きさに驚いてつくりだした、とてつもなくインチキな真実が一つもない「撤回」宣言である。

　誰も「誤解」などしていない。できるだけ暴力的で謀略的な悪しき「手口」が「気付かれ」ないように、うまく「改憲」しようという、ナチスの手口を「極めて肯定的にとらえて」の発言であることは「発言全体から」トコトン「明らかである」。「ナチス政権」の「例示」は撤回できるようなしろものではない。これはその意味で〈失言〉などではないのだ。

　八月二日の『朝日新聞』の社説（「麻生の発言」）のタイトルは「立憲主義への無理解だ」。そこでは、

「麻生はきのう、『誤解を招く結果となった』と発言を撤回した。だが、明確に謝罪はしていないし、発言の核心部分の説明は避けたままである」。

「欧米では、ナチスを肯定するような閣僚の発言は即刻、進退問題につながる。麻生氏は首相や外相を歴任し、いまは副総理を兼ねる安倍政権の重鎮だ。その発言によって、侵略や大虐殺の歴史を忘れず、乗り越えようとしてきた人たちを傷つけ、これに対する日本人の姿勢について大きな誤解を世界に与えた責任は、極めて大きい」。

「大きな誤解」なのだろうか。安倍―麻生自民党政権は戦後のデモクラシーを全否定し、「侵略や大虐殺」の体制（ナチスと同盟をくんだ、天皇制ファシズム）の時代への、あからさまな郷愁を政治的に表明している政権である。いってみれば日本に誕生したネオ・ナチ政権ではないか。それの本音がストレートに表明されたのが、今回の麻生「ナチスに学べ」発言である。そして、多くの日本人は、この政権を支持しているのだ。残念ながら、「日本人」については「誤解」ではなく「正解」なのである。この恐ろしい現実から眼をそらして、私たちは、こうした「社説」のように麻生「ナチスに学べ」発言を論評すべきではないのだ。

この「社説」は、このようにも論じている。

「当時のドイツでは、ワイマール憲法に定める大統領緊急令の乱発が議会の無力化とナチスの独裁を招き、数々の惨禍につながった。こうした立憲主義の骨抜きの歴史を理解していれば、憲法論でナチスを軽々しく引き合いに出すことなど、できるはずがない。／自民党は憲法改正草案をまとめ、実現に動こうとしている。だが、議論にあたっては、歴史や立憲主義への正しい認識を土台にすることが大前提だ」。

麻生副総理は反立憲主義者（ウルトラな国家主義者）だから、憲法論で「ナチス」を「軽々しく引き合いに出した」のではないのか。安倍―麻生自民党政権が提示している「憲法改正草案」を一眼見れば、彼らが立憲主義を無視し、かつての植民地支配や侵略戦争への反省など、まったくしていないことは、明白ではないか。

それは「前文」の戦争への反省は、全文削除された「案」であり、現人神・主権者天皇（天皇制ファシズム時代）はまるごと復活していないものの、天皇は「元首化」されている。そして天皇の軍隊の旗「日の丸」と天皇家よ永遠にと歌われている「君が代」は、国旗・国歌と明記され、それらの尊重を「国民」に義務付けており、「元号」（天皇の時間）を生きることも、憲法で強制している。さらに「外交」儀礼などの天皇のさまざまな政治儀礼は、「国事行為」の枠を超えて、フルにできるように規定されている。まさに神聖なる天皇中心の国家への公然たる「復活」案だ。九条の非武装規定を「国防軍」づくりに変え、それに「人権」を停止する「緊急事態」（九八条）体制づくりが全面的にプラスされているではないか（ここは「ナチス」によく学んでいる）。立憲主義の「骨抜き」という思想は、この「改正案」全体を流れているではないか（それは「公益と公の秩序」が許す範囲での「人権」規定への転換、主語の「国民」から「国家」への転換にも象徴されている）。

麻生「ナチスに学べ」発言は、自民党の改憲草案の内容と、まったくマッチしているのだ。このことを正面から問題に、なぜしないのか。

2　立憲主義と「壊憲」草案

私があえて「壊憲」という言葉を使いだしたのは、任期中に明文改憲すると公言した第一次安倍政権の成立の時点（二〇〇六年）のころだったと思う。私の頭の中にあったのは、元自民党議員、元東京都知事、現在「維新の会」代表の石原慎太郎の、「占領憲法」である現憲法など憲法改正手続にそった「改正」など不要、国会での「廃案」決議で十分という、一方の暴論である。そして、平和（人権）の基本原則を破壊する自民党の「改正」プランは、事実上、「改正」という手続をベールにした「廃棄」＝〈クーデター〉で、本当のところは石原の主張と同じであるという判断であった。

そして、安倍政権が加速している「集団的自衛権」行使も合憲と言う政府解釈を無理やりデッチ上げようという「解釈改憲」への暴走をも、ふまえて「壊憲」あるいは「破憲」状況とネーミングして問題を論じだしたのである。だから、私は、安倍首相の再登場の局面で、憲法学者水島朝穂が、一方に「自由民主党『日本国憲法改正草案』」なるものをひっさげて、他方で「集団的自衛権容認（「解釈改憲」）へ向けて「内閣法制局」の抵抗をしりぞけようという、安倍政権の反立憲主義ともいうべき「壊憲」論との対決（護憲vs改憲ではなく立憲主義vs反立憲主義という対抗軸を押しだすこと）を呼びかけた「『壊憲』にどう対抗するか――改めて関われている立憲主義の意味」（『世界』二〇一三年三月号）に強く共感した。そこで水島は、このようにも論じていた。

「しかし、こうした本質的な議論や、改憲・『壊憲』への批判的言説は、まだ多く現われていない。『壊憲』論のような異論への批判が弱くなっている背景には、『制定から時間が経ったので憲法を変えてもいいのではないか』といった没論理的な主張に見られるような知的世界の荒廃がある。／知的中間層の減少にともなう批判的言説の衰退は、メディアにおいてとりわけ顕著である。自民党の劣化と同じく、戦争体験や社会運動の契機を持っていた世代が現役でなくなり、メディアにおいても暗黙知が継承されず、アメリカの影響を強く受けたエリート層が、日本の『国益』のためにアメリカを怒らせないことだと半ば公然とメディア内部で主張するような状況にある。あらためて歴史を振り返るべきであろう。かつての戦争は軍部のみが強力に推進していたわけではない。戦意高揚を煽ったのはメディアと『帝国的市民』自身であった」。

私（たち）の「反改憲運動」も、安倍の再登場という状況をふまえ、「立憲主義」を否定する安倍政権「壊憲」への正面からの対決をこそ、あらためて呼びかけて、スタートした。

ところが、衆議院選挙で、国政で大躍進した、橋下徹・石原慎太郎（共同代表）が率いる「日本維新の会」のまず九六条の憲法改正規定をゆるく変えてしまうことから、改憲政策をスタートさせようという呼びかけに乗った、安倍のまず九六条を変えてという主張。このまず「ルール」を変えてしまって、改憲をしやすくしてしまおう、という、あまりにセコい「手口」。それを正当化するための、戦後憲法は特別に「手続き」が「硬性」（きつい）というデマゴキーの「手口」がハッキリと示す、反立憲主義感覚（支配者を縛るための憲法の改正手続が法律より、厳格なのは近代立憲主義の精神からしてあたりまえなのに！）。これが少なからぬ人びとの怒りを組織し、日本弁護士連合会が九六条改定反対の声明を発し、「立憲主義にかかわる問題」として九六条「改正」に反対する多くの憲法学者や政治学者たちが「九六条の会」をつくり、反対声明運動が展開されだす。さらに「改憲」アドバイザーと思われていた改憲派の憲法学者小林節までもが「九六条改正」は「憲法破壊」だという大きな声を揚げ出し、自民党の中にも反対論が公然化する事態が、安倍自民党の圧勝の予想されていた参議院選挙の直前に、一瞬にしてつくりだされたのである。「自民党憲法改正草案」批判として緊急出版された書籍も、近代憲法に共通する原則的理念である「立憲主義」破壊の「草案」である点に批判は明示的に集中されている。その「草案」は、近代の「憲法」なるものが、そもそも何のためにどのようにつくられたのかという基本的問題について、まったく考えたことのない、特権的ポストにふんぞりかえっている権力者（政治家・官僚）たちの作文にすぎない。こういった恐ろしくも、なさけなくハレンチな実態が露呈し、それがいたるところで、やっと問題にされはじめたのである。(1)

もっともポピュラーな憲法学者のテキストの立憲主義の説明をここで引いておこう。芦部信喜の『憲法』（岩波書店、一九九三年）である。

「立憲的意味の憲法の淵源は、思想史的には、中世にさかのぼる。中世においては、国王が絶対的な権力を保持し臣民を支配したが、国王といえども従わなければならない高次元の法（higher law）があると考えられ、根本法（fundamental law）とも呼ばれた。この根本法の観念が近代立憲主義へとひきつがれるのである。／もっとも、中世の根本法が、貴族特権の擁護を内容とする封建的性格の強いものであり、それが広く国民の権利・自由の保障とそのための統治の基本原則を内容とする近代的な憲法へ発展するためにはロック（John Loche, 1632-1704）やルソー（Jean-Jacques Rousseau, 1712-78）の思想に寄って新たに基礎づけられる必要があった。この思想によれば①人間は生まれながらにして自由かつ平等であり、生来の権利（自然権）をもっている、②その権利を確実なものとするために社会契約（social contract）を結び、政府に権力の行使を委任する。そして③政治が権力を恣意的に行使して人民の権利を不当に制限する場合には、人民は政府に抵抗する権利を有する。／このような思想に支えられて、一七七六年から八九年にかけてのアメリカ諸州の憲法、一七八八年のアメリカ合衆国憲法、一七八九年のフランス人権宣言、九一年のフランス第一共和政憲法などが制定された。／立憲的憲法は、その形式の面では成文法であり、その性質に置いては硬生（通常の法律よりも難しい手続によらなければ改正できないこと）であるのが普通であるが、それはなぜであろうか。（一）成文憲法　まず、立憲的憲法が成分の形式をとる理由としては、成文法は慣習法に優《まさ》るという近代合理主義、すなわち、国家の根本制度についての定めは文章化しておくべきであるという思想を挙げることもできるが、最も重要なのは近代自然法学の説いた社会契約説である。それによれば、国家は自由な国民の社会契約によって組織され、その社会契約を具体化したものが根本契約たる憲法であるから、契約である以上それは文書の形にすることが必要であり、望ましいとされたのである。／（二）硬生憲法　また、立憲的憲法が硬生であることの理由も、近代自然法学の主張した自然権および社会契約を具体化する根本契約であり、国民の不可侵の自然権を保障するものであるから、憲法によってつくられた権力である立法権は根本法たる憲法を改正する資格をもつことはできず（それは国民のみに許される）、立法権は憲法に拘束される。したがって憲法の改正は特別の手続によって行わなければならない、と考えられたのである」（傍点引用者）。

ここで、ふれられている憲法を基礎づける「自然権」＝「生来の憲法」という観念について、自民党の『日本国憲法改正草案Q＆A』は、以下のように論じ、公然と否定している。

「……人権規定も、我が国の歴史、文化、伝統を踏まえたものであることも必要だと考えます。現行憲法の規定の中には、西欧の天賦人権説に基づいて規定されていると思われるものが散見されることから、こうした規定は改める必要があると考えました」。

このくだりは、公然たる立憲主義の否定宣言である。

『朝日新聞』六月一七日（夕刊）には、以下のような記事が出た。

「ポーランドを訪問した安倍晋三首相は一六日夜（日本時間一七日未明）、自民党が参院選公約最終案に盛り込んだ憲法改正案の発議要件を過半数に引き下げる憲法九六条改正について『平和主義、基本的人権、国民主権は（現行の三分の二（以上）に据え置くことも含めて議論していく』と記者団に述べた。条文ごとに発議要件に差をつける可能性を示したものだ」。

これは「九六条改正」突破口に象徴されるあまりに露骨な反立憲主義者ぶりへの（そのエゲつない〈手口〉への）、大いなる反撃に、安倍が一瞬グラついた事実を、表現していると読むべきだろう。

3 靖国神社（参拝）・「二六条」問題

敗戦後六八回目の「八・一五」が目前の今、あらためて、首相・閣僚・議員らの、天皇の侵略神社「靖国」への参拝をめぐる問題が、マスコミの大きな話題になっている。麻生の発言も改憲問題であると同時に「靖国」参拝問題であった。反対論は、「狂騒」、静かにしろ、というが、麻生の本音という発言であった。

この間、テレビで、その麻生も安倍も、参拝しないということを中国の政治権力者たちに「非公式」につたえている、という報道が流れている。行かないのはあたりまえだが、この間、参拝できなかったのは「痛恨の窮み」とまで発言していた安倍の、この態度は、なんだ。本音かくして〝右顧左眄〟、この政治屋の「手口」、本当にウンザリだ。

八月三日の『朝日新聞』にはこうあった。

「安倍政権の稲田朋美行革相が、一五日の終戦記念日に靖国神社に参拝する意向を固めた。自身が所属する議員グループ『伝統と創造の会』の一員として参拝する。現職閣僚が一五日に靖国参拝することが明らかになるのは初めて。／稲田氏は終戦記念日の参拝について一日、首相官邸に打診し、了承を得た。首相は先月二一日、『各官僚はそれぞれの信念の中で判断してほしい』と述べ、閣僚の靖国参拝を制限しない方針を表明していた。／安倍政権の閣僚をめぐっては、今年四月、春季例大祭の前後に、稲田氏や麻生太郎副総理ら四閣僚が靖国神社に参拝した」。

ナチスと同盟を組んだ植民地支配や侵略戦争は「正当」という歴史観で成立している安倍政権が、「靖国」「参拝」アタリマエ、が本音であるとは、いまさら驚くべきことではあるまい。

戦後の憲法二〇条は、政教分離の原則をかかげ、人びとの「信教の自由」を権利づけている　これは、大日本帝国憲法下の国家神道（天皇絶対教）による「信教の自由」をメチャクチャにした歴史への反省にもとづくもののはずである。ところが自民党の「改正草案」は、ここ「社会的儀礼又は習俗的行為の範囲を超えないものについては、この限りでない」という「政教分離」原則の例外を明記し、それが「ザル」の理念であるようにしようとしているのだ。それは、厳密な意味では宗教でない（非宗教的「社会的儀礼」「習俗」だ）として、首相ら政治家の参拝を「合憲化」しようという意図によるものであることは明白である。

安倍らには「参拝」が許されざる「違憲」の行為であるという自覚があるから、こういう「草案」がつくられているわけである。ヒドすぎる話ではないか(2)。

こうした、インチキなスルーの論理は、一九七八年七月の「津の鎮魂祭」についての最高裁での逆転判決がヒントになっている。

〈国家と宗教とのかかわりあいを全く許さないわけではなく、宗教とかかわる行為の目的と効果にかんがみ、限度を超えなければよし〉とした、いわゆる「目的効果説」である。単なる習俗（社会的儀礼）で宗教性がないと強弁すれば、問題あるまいというロジックである。これは、一九八五年八月一五日に時の首相、中曽根康弘が、自分の参拝を「合憲」と政治演出するために作り出した「閣僚の靖国神社参拝に関する懇談会」の結論（多数派）が採用した論理でもあった。

「政教分離」の原則は言葉としてはそのままで、実質的には骨抜きにしてしまおうという、いやらしい「手口」。自民党が長く伝統化してきた「手口」の完成が、再生した「安倍—麻生」政権によって目指されているのである。それは「前文」で「天皇を戴《いただ》く国家」と「元首」天皇を神聖化しながら、国民主権の象徴天皇制という戦後憲法のタテマエの言葉には手をつけないという欺瞞的「手口」とみごとに対応している。

彼ら（安倍「改憲」政権）は、ナチスの政治的「手口」についてはすでに十分学んでいるのだ。

註

（1）「九六条の会」（代表樋口陽一）については『世界』（二〇一三年七月号）の「権力者の改憲論を警戒せよ」（水島朝穂と小林節の対談）にプラスされている「呼び掛け文」参照。ついでに、ここに収められた斉藤貴男の「改憲潮流2013（上）」と国分高史の「永田町に息づく憲法改正の通奏低音」で、こうした批判の声のエスカレーションの具体的プロセスは、よく読める。

ここでは、元自民党幹事長の古賀誠の『毎日新聞』（六月一二日）での明快なる反対論を具体的に示しておこう。

「九六条に定める『各議員の総議員の三分の二以上の賛成』という改正手続きのハードルを下げることには反対です。確かに社会が変われば新しい身の丈の憲法が必要になって来る。国会議員に限らず常日ごろから幅広く議論しておくべき問題です。ただ、現行憲法に流れる平和主義・主権在民・基本的人権という原則をど真ん中に置いた議論であるべきです。手続きを変えるのは筋違いで絶対に認められません。」

(2) 実は、神道の非宗教化（という位置づけ）による国家宗教化こそが「国家神道」の歴史であった。戦後の「靖国神社」（その国有化プランなど）をめぐっては、ある意味で、あらためて〈非宗教〉化という論理が復活してきているのだ。この日本近代の天皇と神道と国家をめぐる歴史については、『検証国家儀礼 1945～1990』（戸村政博・土方美雄・野毛一起〈作品社・一九九〇年〉）の戸村論文（「靖国問題の〈非宗教化〉と〈宗教化〉」）がわかりやすい。

（『季刊ピープルズ・プラン』六二号、二〇一三年八月三一日）

安倍〈壊憲〉政権下での六八回目の8・6、8・9、8・15

被爆〈敗戦〉から六八年の八月六日の広島での「原爆死没者慰霊式・平和祈念式典」でも、八月九日の長崎での「原爆犠牲者慰霊平和祈念式典」でも、安倍晋三首相は「日本人は唯一の戦争被爆国民だ。われわれには確実に『核兵器のない世界』を実現していく責務がある」とくりかえした。世界中にヒバクシャがあふれかえっている時代に「唯一の日本人」などというナショナリズムにふんぞりかえった空疎な「責務」の宣言にうんざりしたのは私だけではないだろう。安倍が果たそうとしている「責務」は、アメリカの核の傘の中で、アメリカ軍と共にどこにでも戦争に参加できる国防軍の強化であり、その日本軍の核武装まで展望しようという、そら恐ろしいものである。そうした日々の具体的現実を目の当たりにしている私たちは、「非核三原則の堅持」などという言葉にも象徴される、ただただ政治的ポーズであるにすぎない欺瞞的な語りに、怒りの感情が抑えられない。これと比較して、広島・長崎の市長の言葉は、福島〈3・11〉以後の現実をもふまえた、聞く者の心にせまるものであった。

松井一實広島市長は、「原爆は、非人道兵器の極みであり『絶対悪』です。原爆の地獄を知る被爆者は、その『絶対悪』に挑んできています」と断言し、安倍政権の核拡散防止（NPT）体制を突き崩す「インドとの原子力協定」づくりの政策への批判を明快に展開してみせている。田上富久長崎市長は安倍政権に「被爆国としての原点へ返れ」と主張し、より具体的に以下のごとき批判を平和宣言の中におりこんでいる。

「今年四月、ジュネーブで開催された核不拡散条約（NPT）再検討会議準備委員会で提出された核兵器の非人道性を訴える共同声明に八〇か国が賛同しました。南アフリカなどの提案国は、わが国にも賛同の署名を求めました。／しかし、日本政府は署名せず、世界の期待を裏切りました。人類はいかなる状況においても核兵器を使うべきではない、という文言が受け入れられないとすれば、核兵器の使用を状況によっては認めるという姿勢を日本政府は示したことになります。これは二度と、世界の誰にも被爆の経験をさせないという、被爆国としての原点に反します。／インドとの原子力協定交渉の再開についても同じです」。

平和憲法の〈壊憲〉を宣言している極右首相安倍（政権）への危機感が両市長の宣言〈言葉〉にはにじんでいる。こうした安倍政権の政治姿勢は「広島・長崎両市の戦後六八年の苦難を冒瀆するようなもので市長が怒るのも頷ける」と語る吉見俊哉は両市長の「宣言」の内容の歴史的変化について分析しつつ以下のように語っている。

「当初は米国の原爆投下を正当化していた平和宣言は、やがて被爆者救済を語り始め、核実験を批判し、核兵器廃絶を目指していった。その中で国家以上に世界の都市や市民が主要な連携先として浮上してきた。／今日、原爆投下から六八年を経て、ヒロシマとナガサキの人類史的重要性は減少どころか増しており、そのことも両市長も気づいている。だからこそ平和宣言で、両市長は政府に対抗し、世界に呼びかけているのだ」（「社会時評」『東京新聞』八月二〇日）。

八月一五日の政府主催の全国戦没者追悼式では、第一次政権の時にはポーズとして口にした、アジア諸国侵略への「加害と反省」に少しふれることも「不戦の誓い」も安倍の言葉から消滅した。それは、かつての戦争を正当化し新しい戦争を準備する首相の本音が露呈した「式辞」であった。

そのことに批判的に言及した一部のマスコミも、天皇の言葉に具体的反省がないことは、何も問題にすらしていない。天皇制の戦争責任が問えない国家の歴史こそが安倍政権を呼び寄せてしまったのだろう。〈核＝戦争〉責任を問い続けよう。

（『反改憲運動通信』第九期七号、二〇一三年九月一一日）

信念をもったデマゴーグ安倍「壊憲」政権の手口
――〈オリンピック政治〉批判

八月一五日の私たちの「反靖国」行動は、集会妨害を目的とする「在特会」グループが、私たちの会場の前の部屋を借りて集まっているという、前例のない、緊張を強いられる破壊工作に抗して実現された。彼等の挑発と暴力行使を、集会に結集した多くの人々は非暴力の対抗で、ハネのけたのだ。デモは、街宣カー右翼の、持続的乱入と、それを黙認している警察というヒドい状態で、やはり大荒れ。天皇主義右翼グループの支持を集めている極右首相安倍の登場は、必然的にこのような事態を現出させているのだろう。

九月二八日は「やってる場合か！東京国体開会式反対行動（主催・やってる場合か！「スポーツ祭東京」実行委員会）。この天皇行事に各地で反対してきた人々の、かつての運動報告を交流させた集会の後のデモにも、右翼は街宣カーで妨害をくりかえした。それは二〇二〇年に東京開催が決められた東京五輪の予行演習を意識したハデな「火と光」の華やかさがグロテスクに演出されたセレモニーであった。

この「東京オリンピック」誘致のため安倍首相は国際オリンピック委員会（IOC）総会で、東京電力福島第一原発の放射能汚染について「状況はコントロールされている」「〇・三平方キロメートル範囲で完全にブロックされている」と断言してみせたのである。これは口をすべらせた政治的デマという、よくある水準のデマとはちがう。確信を持って大嘘を吹く、といった、文字通りのデマゴーグの言葉であった。汚染水は、ブロックしようもなく、大量に垂れ流しが続いており、もはや地下水と合流し続けている放射能づけの水は、コントロール不能の想像を絶する恐ろしい状況をつくりだしていることは、日本のマスコミですら日々報道し続けている明々白々たる事実ではないか。

直後に東京電力の人間が、その発言の真偽の確認のために首相官邸に走った（それもマスコミ報道されていた）という事実に、よく表現されているように、トンデモない大ボラを一国の首相の立場で、安倍は吹きまくったのである。

これは二〇一一年一二月一六日の野田民主党政権の「事故収束」宣言という、今日であれば、原発再稼働のための、インチキなホラであったにすぎないことは誰の目にも明らかな宣言に次ぐ、あまりにも恥知らずな宣言である。

このデマゴギーには、何がなんでも二〇二〇年に東京にオリンピックを持ってきたいという政治的決意が込められていた（宮内庁をくどいて、皇族の招致フル活用という今までは禁じ手であったことまで実行したのはそのためである）。

七年後のオリンピック実現は、批判は許されない全国民がこぞって翼賛すべき大イベントである。それを実現しようとしているわが安倍政権の基本政策への批判は、許されない。国策イベントへの批判は天皇制批判同様タブーであるという大マスコミの体質を政治的に計算し、挙国一致のムードをつくりだして、「戦後レジーム」の全面解体という政治、社会の国家主義的大再編をやりぬく。こういう政治的決意が、込められたデマゴギーだったはずである。

安倍の野望は実現し、「東京オリンピック」決定とともに、マスコミ報道は大歓迎一色に染めあげられ、有力開催希望地では、かつてはもっとも人気のなかった（そのことがマイナス点として話題にされていたはずの）東京でそんなことは、まったくなかったような歓喜のムードが一瞬にしてつくりだされ、いたるところで「万歳」の声が発せられ、その声がマスメディアに舞って増殖され続けたのである。

マスコミは、放射能汚染水ではなく安倍政権によって完全にコントロールされてしまっていると考えるしかない事態が一瞬にして現出したのである（許されないデマを首相が国際社会の公式の舞台で、公然と発した事を、どのマスメディアも正面から批判してみせることは、まったくできなかったのである)。オリンピック報道は戦争(大本営)報道と同じなのだ。このことに安倍のねらいはあったのだ。批判する奴は「非国民」というムードが、暴力(妨害)右翼たちが、私たちに向ける言葉(ムード)が、オリンピックを活用すれば日本社会全体を支配する。ここまで読んだ安倍のオリンピック政治。だから、この東京オリンピック政治は原発再稼働のための政治であり明文「壊憲」をとにかく実現するための政治なのである。〈オリンピック再稼働〉、〈オリンピック改憲〉にどう抗するのか、この七年間は私たちの運動にとっても決定的な七年間になるのだ。

一〇月七日の『朝日新聞』は「コントロールされている」の首相発言に「その通り」は一一%で「そう思わない」が七六%だという世論調査の結果をレポートしている。オリンピック開催は「よかった」が七七%で、「そう思わない」が一六%だという。「復興に弾みがつく」は三七%で、「復興が後回しにされる」が四六%であるという。

テレビで公表されている世論調査でも「その通り」はもっと少なく「そう思わない」がもっと多かった。

「国民」はやはり批判的だなどと楽観的に考えてはいけない。多くの「国民」は信じ難い安倍の政治的デマゴギーを、それとよく知りながら是認しているのだ(開催は圧倒的に万歳なのだから)。

さらにこの東京再開発騒ぎのスタートが福島などの被災地の人々の生活再建(他の場所への移動も含む)への大きなブレーキになるだろうことも、それなりによく自覚しているのだ(他人の生活がどうなろうと東京開発オリンピック万歳なのだ)。

「国民」の多くが支配者のデマゴギーにだまされているわけではない。極右天皇主義者のデマゴギー政治の「手口」に、消極的であれ同意している人々(放射能〈プルトニウム〉と首都直下地震で「お・も・て・な・し」というグロテスクな茶番劇に「万歳」の声をあげる人々）が多数存在しているのだ。こうした恐ろしい事実に正面から対峙しなければならない時代に、ついに私たちは突入してしまっているのだ。

（『反天皇制運動カーニバル』七号、二〇一三年一〇月一五日）

安倍政権の全面的〈壊憲〉攻撃に反撃を！

「集団的自衛権」合憲化・秘密保護法、国家安全保障会議づくり、「伊勢」参拝・「靖国」奉納は戦争（戦死者）づくりの体系的政策である

一一月二日の『産経新聞』は一面トップで、内閣法制局長官が一日の衆議院安全保障特別委員会で、政府が過去に憲法解釈の変更を行った前例があると答弁したと大々的に報じている。過去に、自民党政権は何度も解釈を変更して、自衛隊を合憲化してきたのに、なんでそんなことが問題になるのか。

「小松一郎内閣法制局長官が憲法解釈の変更事例を明示したのは、安倍晋三政権が目指す集団的自衛権の行使容認に向け、大きな意味合いを持つ。憲法解釈を変更してはならないという誤った風潮が根強くはびこる中、過去に変更した事例を示したことで、国内外の社会情勢に応じた解釈変更の妥当性を強調し、行使実現に布石を打ったからだ。（傍点引用者）。

「内閣法制次長が長官に昇格してきた従来の慣例を破り、小松氏を起用したのは首相で、腹合わせをした上での発言と見るのが妥当だ」（傍点引用者）。

首相の個人的な見解（主張）で、勝手に憲法解釈の大変更が許されたら、法治国家ではなくなっ

てしまう。「許されない」のはあたりまえ。しかし安倍晋三首相は、独善的な「人事」（トップを寺分の都合のいい人物にすげ替える）を実行し、その人物と「腹合わせ」して、解釈の大変更を正当化して見せようと動き出しているのである。他方で安倍は、「安全保障の法的基盤の再構築に関する懇談会」なる、自分のいいなりの「有識者」を集めて、「集団的自衛権の行使は合憲」という主張を宣伝させ続けている。自衛隊が米軍とともに戦闘に参加しても「合憲」というペテンのような憲法解釈を全面化する軍事大国化（平和憲法破壊）路線に向かって暴走しだしているのだ。

一〇月二五日は、政府に都合の悪い情報をすべて隠し、それを人々の前に明らかにしようとする行為を罰する（最高一〇年の懲役！）ことが可能となる悪法（特定秘密保護法）案が閣議決定された。これもともに戦闘する米軍の軍事機密を漏らすわけにはいかない、という口実で準備されたものである。そしてこれは、すでに審議入りしてしまった四大臣（総理、官房長官、外務、防衛）会合による「国家安全保障政策に関する外交防衛政策の司令塔」づくりのための「国家安全保障会議設置法案」とセットである。この機構は「日本版NSC」と呼ばれており、現憲法には存在しない「国家緊急権」を前提とする機構づくりであり、今、その盗聴のすさまじい実態が暴露され、注目を集めているアメリカのNSCの猿まねである。もちろんこれも戦争体制に不可欠な組織だ。

一〇月二日には、社殿を建て替える伊勢神宮の式年遷宮でもっとも重要な神道の儀式「遷御（せんぎょ）の儀」に安倍首相・麻生副首相らは参列している。東京新聞（一〇月四日）は、この件につき、こう報じている。

「首相参列は一九二九年の浜口雄幸以来、八四年ぶり。政教分離を原則とする日本国憲法が施行されてからは初めてだ（傍点引用者）。

安倍は、八・一五（終戦記念日）には靖国神社に「玉串料」を奉納し、一〇月一七日には、秋季例大祭のための供え物「真榊（まさかき）」（サカキの鉢植え）も「内閣総理大臣安倍晋三」の名前で奉納している。これも四月の春季例大祭の「真榊」奉納に次ぐ、憲法の政教分離原則（二〇条）を無視する許されざる行為である。

この靖国神社の年二回の「例大祭」なるものは、かつては「日露戦争陸軍凱旋観兵式の日」（四月三〇日）と「日露戦争海軍凱旋観艦式の日」（一〇月二三日）が起源である。戦後に日取りを変更した国家神道セレモニーなのだ。それは大量の戦死者のでた戦争での天皇の「遺徳」をたたえる儀式であった。安倍は日本の軍隊から「戦死者」が出る状況へ向かって、自覚的に歩み出しているのだ。こうした動きは、トータルに見て「解釈・立法」による「改憲」である。

明文改憲の先取りという〈壊憲〉攻撃の全体をみすえた反撃を！

（『反改憲運動通信』第九期一一号、二〇一三年一一月六日）

「治安維持法」・「特高警察」の現在的復活！

――「秘密保護法案」反対運動の中で

「秘密保護法案」に反対する運動の声が、ジワジワと拡大し続けていることを、運動の中で、やっと実感できるようになってきた。ところが国会では、与党公明党が修正のポーズで自民党案にのみこまれてしまったのと同様の事態が急展開。やっぱり「みんなの党」や「日本維新の会」は、権力者（国家）に都合の悪い情報は、すべて、自分たちが隠してしまい、事実を批判的に明らかにする行為は、処罰することを合法化するという、トンデモナイ悪法の内容をまったくチェックできない「修正案」で、自民党と合意。衆議院の通過は秒読みという事態。

この法案づくりは、平和憲法下では自覚的に排除されてきた「国家緊急権」の法理を、事実上「復活」させて（自民党改憲案はそうなっている）進められてきた「国家安全保障会議設置法」づくりと対応している。戦時のための首相らの行政権の強力な集中のシステムづくりと対応する、全面的な情報統制の合法化である。もう一つ進められている、米軍と共にどこでも戦闘できる国軍づくりのための「集団的自衛権」の合憲解釈づくりをも重ねて考えれば、安倍政権は、本格的に米軍と共に戦争を実行する国家に、戦後国家をレジーム・チェンジするために暴走しているのだ（政治内容だけでなく、その「手口」も暴走ぶりをよく示している〈まともな国会審議など、ほとんどしない〉）。私たちの運動は、残念ながらこの暴走のスピードに、よくついていけてない。

しかし、この闘いの中で、安倍政権が目指す国家・社会の、復古的国家主義の恐ろしい性格についての恐怖心は、それなりに、やっと大衆化しつつある。

早くから、この法案の危険性を、明確に多様にキャンペーンし続けてきた、権力批判という本来のジャーナリズムの精神の息づきを感じさせ続けている例外的な新聞メディアといえる『東京新聞』（原発報道とともに、「秘密保護法」報道は、すこぶるまとも）。このメディアの記事を一つ紹介しよう。

一三年一一月一日の「こちら特報部」の記事である。それは、安倍たちは「安全保障にかかわる情報の秘匿」という点に力点を置いてこの法案を押し出したが、この分野については、かなり法的な措置が施されていることを考えれば、と前置きし、以下のように主張している。

「立法の本当の狙いは、特定有害活動とテロリズムの防止という残る二分野にありそうだ。これを担当するのは警察だ。／法案を作成したのは内閣官房内閣情報調査室（内調）だ」。この「内調」は、前身は戦前（中）の特別高等警察（特高）であった「公安（警備）警察」である、と論じた後、「特定有害活動」も「テロリズム」も、まともに定義されていない、どんな相手にも便利に貼り付けられるレッテル以外のものではないという事実を踏まえ、すでに非合法な捜査を繰り返している、この「公安」の活動は「秘密のベールにつつまれて、この法律によって正当化されていくことになるだろう」と語るこの記事の結びは、以下の元警察官の声である。

「この法案が通れば、公安警察は野放しになる。気が付けば『特高の復活』という事態になりはしないか」。

「治安維持法」（リンチやり放題の暴力「特高」）の現存的復活。私たちの運動は、もっぱら軍事問題に引き寄せて、これを問題にし続けてきたため、治安弾圧立法というグロテスクな性格について鋭く問題にする作業が少なすぎた（もちろん、運動の持続の中で、今それなりにこうした認識は広がりつつあるのだが）。

権力者たちは自分たちが推し進めている強権支配の暴力的拡大は、人々の反抗を作り出さざるを得ないことを予見して、それを、さらに力で押さえ込むための法律的準備に向かって「暴走」しているのである。私たちは、こうした暴走に対決する、多様なイッシューの交流を可能にする、抵抗の運動の大衆化をつくりださなければなるまい。事は、単なる一つの法案攻防のレベルを超えているのだ。

（日比谷野音の外にまで人々が溢れかえった〈ＳＴＯＰ！『秘密保護法』11・21大集会「何が秘密？　それは秘密」それはイヤだ！〉の夜に）

（『支援連ニュース』三六三号、二〇一三年一一月二三日）

デマゴギー政治の全面化
——二〇二〇年東京オリンピック招致・原発再稼働・放射能汚染・〈壊憲〉

二〇二〇年東京オリンピックと「放射能汚染水」

本当に正気の沙汰とは思えない安倍晋三の発言の問題から始めよう。怒りの感覚を持たずに、この言葉を聞けた人間は、自分の感性を疑ってみるべきである。

もちろん、九月七日の国際オリンピック委員会（IOC）総会での、二〇二〇年の夏季オリンピックを東京に招致するためにそこで発せられた言葉である。マイナス材料として外国人記者たちの質問が集中した、東京電力福島第一原発の汚染水問題について、彼は「状況はコントロールされている」「湾内〇・三平方キロメートルの範囲内で完全にブロックされている」、東京は健康問題については「問題ない」と平然と言いはなった。

放射能（毒）汚染列島の汚染都市という現実を姑息にも隠蔽し、そのマイナスイメージを打ち消すために、さらに国内的には原発再稼働を正当化することをねらって、国際舞台のド真中で、公然と嘘（ホラ）を吹いてみせたのである。

なんと、その結果、東京オリンピックは決定してしまったのである。そうなると、一日四〇〇トンもの大量の地下水が破壊された原子炉建屋に流れ込み、それが大量に海に流れこんでいる事態を報道し、この予想できる事態に、まともに対応してこなかった東京電力に批判の声を上げていた（いいかえれば安倍が嘘をついていることを示す客観的事実についてレポートしていた）、日本の大マスコミは、この発言を正面から批判することをしないばかりか、「東京オリンピック・パラリンピック大歓迎」の大騒ぎ。東京オリンピックを歓迎しない人間など「非国民ダ！」という〈挙国一致〉のムードづくり。それは東京オリンピック招致を実現した安倍政権への批判をまるごと抑え込むムードへと連動している。それこそが皇室を動員するという、今までの禁じ手まで使って招致を政治的にしかけた、この天皇主義右翼政権のねらいだったのであろう。二〇二〇年までの七年間に、自分たちの思う通りの「平和・民主」憲法秩序の全面破壊（戦争・警察国家化）への暴走を実現できるマスコミ環境づくり（「国策」への批判はしない）の政治だったのである。

まず、共感する発言の方から紹介する。杉村昌昭は、こう論じた。

「二〇二〇年のオリンピックの東京での開催決定は『東京安全宣言』の先取りである。いまの段階で東京が放射能被害を免れていることを世界が認めるということは、どれほどの原発事故が起きてもたいしたことではないという世界的な原発推進勢力のイデオロギーの肯定である。／しかしなによりもこの決定は、日本社会の今後のあり方にとてつもない混乱状態を引き起こす可能性がある。まずひとつは、これからオリンピック開催年までの七年間に、現在政府とマスコミを中心にした情報操作で押さえ込んでいる放射能汚染による〝健康被害〟（とくに内部被曝）がどれくらい拡大・浸透し、騙したり隠したりしきれなくなるかという問題がある。放射能による身体への影響は多様かつ奥深いが一面緩慢でもある。その実態がこれから数年のあいだにどんな展開をみせるか、このことが日本社会に物理的・精神的に及ぼす影響は計り知れないものがあるだろう。」（『インパクション』一九二号、二〇一三年一一月「巻頭言」）。

「東京安全宣言」という言葉を目にして、私は、すぐ、民主党野田佳彦首相の、原発再稼働のために、まったく事故原因など不明〈調べようもない事故〉なのに、また事故の被害は、さらにさらに拡大し続けている状態であるのに発せられた嘘（安全・安心のデマ）である「事故収束」宣言（二〇一一年一二月一六日）を想起した。これも、この上なくハレンチな言葉だと思ったが、海洋放射能汚染の止めどもない拡大、影響は文字通り世界大である、大惨事の日々の進展を眼の前にしての、安倍の言葉の欺瞞度は、野田の言葉を超えている。もちろん、杉村のいう内部被曝問題は〈原子力ムラ〉の「安全神話」のための「科学」が無視あるいは常に過小評価し続けてきた事であることは言うまでもあるまい。東京を含む関東圏全体が「安全」で「安心」などというのは、まちがいなくためにするデマゴギーである。

次に、信頼できる、原子核工学者小出裕章の発言を引こう。彼は、安倍発言に「呆れた」と語り、「冗談ではありません。福島原発は今、人類が初めて遭遇する困難に直面していて、想像を絶する状況が進行しているのです」と語った後、以下のように、より具体的に批判している。

「しかし、汚染水問題の根本解決は困難と言わざるを得ません。なぜなら、汚染水の濃度があまりに高いからです。汚染水に含まれている放射性物質はセシウム137、ストロンチウム90、トリチウム937だと思います。この実験所をはじめ、国内の原発でストロンチウム90を廃液処理する場合、法令上の基準値は1リットル当たり30ベクレル以下です。しかし、先日は、福島原発の地下タンクから漏出した汚染水は1リットル8000万ベクレルと報道されていました。つまり許容濃度にするには、300万分の1以下に処理しなければならない。私は不可能だと思っています。さらに、トリチウムは三重水素と呼ばれる水素ですから、水そのもので、ALPSで除去することはできません」（傍点引用者・インタビュー「安倍首相の発言　余りにも恥知らずだ」『日刊ゲンダイ』二〇一三年九月一四日）。

ALPSとは放射性物質を取り除く多核種除去設備である。それは「東京安全宣言」後、すぐ新しいパワフルな汚染水対策の装置として、マスコミ向けに安倍たちによって大々的にPRされたが、すぐ故障、とても安倍らが宣伝するようなしろものではないことが明らかになった。

小出は、ここで現場作業員の問題についてもふれて、以下のように語っている。

「チェルノブイリ原発では、収束のために60万～80万人が作業に当りました。27年経った今も、毎日数千人が作業しています。原子炉1基の事故でさえ、この状況です。福島は原子炉が4基もある。一体どのくらい作業員が必要になるのか見当もつきません」。

この現場作業員の被曝問題については、招致決定後、施政方針演説（一〇月一五日）で「私が安全を保証する」の宣言の延長線で安倍は「安全」とアピールし、一〇月一九日には、安倍自身が福島現地視察にのりこみ、いそげと指示した。その結果、無茶な労働を強制された現場労働者が放射能汚染水をかぶってしまうというような事故が続発している事実が一部のメディアでレポートされだした。その結果、もともと人が集まらない労働現場が、さらに深刻な人手不足におちいっている。

汚染水の漏れ（海洋への流出）と被曝労働の拡大はセットで、さらにコントロール不可能な状態の中、持続し続けているのだ。これで原発再稼働なんて許されない。首相のデマのつけは大きい。

都市文化を「成熟」させるオリンピックて何だ

東京招致決定を「まずは喜びたい」で始まる文章で、社会学者として活躍している吉見俊哉は、戦争で流れた一九四〇年の東京五輪計画と、それをふまえて実現した一九六四年の東京五輪開催についてふれ、それは「首都高速と新幹線に代表される高速輸送と経済成長の首都を作り上げた」と語り、「スポーツと復興、経済成長を結んだが、文化の軸は置き忘れた」、「二〇二〇年は文化的成熟をまとまった形で示せるかが試金石」と力説している（『東京新聞「社会時報」』九月一七日）。

驚くべき感性（と論理）である。吉見のこのカルチュラル・スタディーズには、文化・イベントの持つ政治性への批判はカケラもない。安倍首相らにコントロールされた大マス・メディアのオリンピック讃歌に、「もっと文化を！」などといいながら唱和しているだけなのである。

放射能汚染水で〈お・も・て・な・し〉という実態を無視した、デマゴギーの政治へ翼賛する文化（言葉）が「成熟」したら、どんな文化になるというのだ。

九月二〇日の『東京新聞』には池内了の、二〇二〇年の東京五輪は「ナチスが演出して世界大戦の前夜となった一九三六年のベルリンオリンピックと二重写しになる」と論じている。オリンピックの歴史を学ぶ学者なら、池内ぐらいの感性を持ち合わせていなければ、おかしいであろう。平和憲法の全面破壊にフル・スピードに暴走している安倍政権の政治的招致のこの現実を前にしたらそれが「文化」の最低限の水準ではないのか。

オリンピックによる「民族の誇り」の「復興」という政治

安倍たち権力者がねらっている東京五輪の「文化的成熟」の内実については、「50ヵ国以上を飛び回り、IOC委員に全員会って」アッピールしてきた（松瀬学『なぜ東京五輪招致は成功したのか?』扶桑社新書、二〇一三年）という、JOC会長・招致委員会理事長竹田恒和を父に持つ、旧皇族を売りものに発言している竹田恒泰があけすけに語っている。

「ところで、私は二〇二〇年の東京五輪には、もう一つの本当のテーマが潜んでいると見ています。昭和三十九（一九六四）年に行われた前回の東京五輪は『戦後復興』を象徴する五輪だった。空襲で焼け野原になった東京が生まれ変わり、日本が戦争の傷跡から立ち上がったことを広く世界に示すことができた。／しかし、前回の五輪が象徴した『戦後復興』はあくまでも『物質的復興』であり、破壊された都市を再構築したことを示すにとどまっていたのではあるまいか。戦争で負けたことで、わが国は解体こそまぬがれたものの、国の歴史は否定され、民族の誇りは踏みにじられた。戦争に負けるとは、そういうことなのである。学校教育では歴史と神話は封印され、その結果、戦後世代の日本人は、日本人としての誇りをすっかり失ってしまった」（傍点引用者）

この誇りを、この間、ようやく領土問題などを通して、「国防意識に目覚め」ることによって、急速に取りもどしつつある、と語りつつ、竹田は、この文章を、このように続ける。

「そして、この流れは七年後の二〇二〇年に完成の領域に至るにちがいない。……占領軍によって植え付けられた敗戦コンプレックスや自虐史観から抜け出し、『精神的復興』を果たすには、百年余の歳月を要するとされてきた。それが東京五輪によって戦後七十五年で完成することになりそうだ。それこそが『戦後レジームからの脱却』なのである」（傍点引用者）「震災復興五輪は世界の希望」〈『Voice』二〇一三年一一月号〉

平和憲法の破壊のレジーム・チェンジの政治の必要不可欠のプロセスの中に、東京オリンピック開催は、位置づけられているのである。安倍たちが準備している成熟した「文化」とは、天皇主義＝排外主義ナショナリズムであり、軍国主義文化であるにすぎない。もう一点、竹田はここで、オリンピックの経済効果は、東京中心に総額で「一五〇兆」円と語りながら、「経済復興」効果なるものにふれつつ、それは「震災復興五輪」でもあるとくりかえしている。

しかし、五輪による東京再開発は、福島を中心とする被害地の人々のあたりまえの生活再建としての「復興」を遅らせることはあってもスピードアップすることなどありえない。金も資材も人間も、東京に持ってこられ、被害地は切りすてられるという棄民政策（人々への高い放射線地帯での生活の事実上の強制）が、東京オリンピック準備によってさらに加速されることは間違いないのだから。

それが、つくりだす文化（精神）は右翼ナショナリズム（排外主義）であり、おびただしい数の被害者たちの生活と命の破壊である。

（『市民の意見』一四一号、二〇一三年一二月一日）

抵抗のさらなる持続・拡大へ

――二〇一三年一二月五日・六日の記録

一二月五日、病院から帰って、グッタリした気分でソファーにひっくりかえって、テレビをながめていたら、参議院の国家安全保障委員会で、強行採決のテロップが流された。慌ててチャンネルを変え、ニュースでその数の暴力にまかせたデタラメな「強行採決」のシーンを確認。いてもたってもいられず、フラフラする体で国会へ。

昨日、平日の昼間なのに八千人以上抗議に集まっているということは聞いていたが、怒りを持って結集している人々が、国会・議員面会場前にはあふれていた。鉄柵がはりめぐらされて、議員会館や議面はガードされている。歩道は抗議の人々でゴッタがえしており歩けない。車道の鉄柵のはしを歩き進むと、突然若い警官が跳びかかって、私の胸ぐらにつかみかかって、歩道へ戻れと暴行。いくらなんでも驚いた。「道を歩いている人間の胸ぐらをつかんで首をしめる権利が、どうしてきさまにあるのか」と叫び、私は若いポリスの胸ぐらをつかまえ押し戻した。歩くだけで精一杯の体調の私に、どこにそんな力が残っていたのか、自分でも驚いた。安倍政権の「人民主権」の思想を真っ正面から踏みにじる暴挙に、私の全身に怒りが充満していたからだろう。

激しく押しあっていると、もう一人の警察官が介入、ソフトに私の通路をあけさせた。「どんな特権があると思ってるんだ。警察ぐらい法律を守れ」と叫ぶと、「私は彼とは違う。あれは彼の独断行為だ」などと弁明。ゆっくり車道を歩きながら考えた。若い暴力警官は、安倍政権のホンネだ。

問答無用の非合法・憲法無視の暴力。ソフトに介入した警官の「弁明」は、合法を装う操作だ。こちらもこの政権には不可欠なのだろう。この「特定秘密保護法案」は内閣官房内閣情報調査室が作った法案。「内調」は戦前の「特高」である。だから、国会で森まさこ「大臣」や安倍首相の答弁のアドバイザーとして後から助言しつづけているのは警察官僚たちであり続けているのだ。先行している「国家安全保障会議（日本版NSA）」づくりとセットのこの法案、アメリカ軍とともに闘う「国防軍」づくりという政権の説明にひきづられて「戦争国家化」という側面にのみ注目しすぎ、私たちはこれが「治安維持法」＝「特高警察」の現在的復活を目指す法案であるという、もう一方の重大な問題が十分に対象化しきれなかったナーという思いが、あらためて突き上げて来た。

そんなことを考えながら歩いていると、大きな枠組みでつくられている、この法案に反対する「実行委」のメンバーとして動いている神奈川の友人たちに声をかけられた。「ヘロヘロ状態のOさんも昼から顔を出していましたよ」。

長い闘病中の彼も、いたたまれず無理したんだナーと考えて、今日は彼もメンバーだった「反安保実行委」の定例会議の日であることを突然思いだした。電話すると、国会にいたメンバーは、会議のため淡路町の事務所にすでにいた。こんな時だし私は会議を流すことを提案。あらためて国会の方に来てもらった。

もどった友人の情報。「明日、天皇夫婦がインドから帰る。それまでにあげてしまいたいという暴走だという噂がささやかれているらしいよ」。

国会周辺の抗議活動の中では、大マスコミではタブーとなっている言葉。〈ファシズム〉〈独裁政治〉〈クーデター〉という言葉が安倍政権の暴走へ向かっていたるところで投げつけられていた。〈象徴天皇制下の安倍ファシズム政権〉という言葉が、フイに心に浮かんだ。

一二月六日午前中、病院での検査・検診。午後、一息いれて、国会へ、抗議行動に合流して、まわりをウロウロ後に夜の集会（主催者一万五千人と発表）に向かう。私が参加しているいくつかの運動団体の人々といっしょにまとまって行動。本会議の強行採決を許すなと議面前（道路の反対側）にいすわって、長く長く続く請願の人たちに声をかけ続ける。深夜まで、しばらくぶりの友人と何人も顔を合わせる。

倒れて病院に担ぎ込まれて以来、あまり会えなくなっている反原発運動中で出会ったある党派のリーダーに「生きていますね」と声をかけると、彼から「天野さん、僕ら死んでいるヒマなんてないでしょう」と元気な声がかえってきた。

採決が強行されるまでいた。〈四年目に入っている闘病生活の中で、おそらく今日が一番無理をして動き続けたナー〉、そう実感した。ヘロヘロである。しかし闘いは本当にここから始まる。採決で終わりにしないエネルギーが、そこにはあふれていた。それだけが希望である。〈死んでいるヒマ〉はないのだ。

（『反天皇制運動カーニバル』九号、二〇一三年一二月一〇日）

戦争へ暴走する全面〈壊憲〉政権
――沖縄辺野古米軍基地づくり、靖国参拝、諸軍事・治安法づくり……

沖縄のジャーナリスト油井晶子は、「『琉球処分』再現に怒り屈服した政治家を許さない」（『労働情報』八七七号、二〇一三年一二月一五日）を、こう書き出している。

「ウチナーンチュは、2013年11月最後の週を決して忘れない」。

その最後の週には、沖縄選出の国会議員で「県外移設」を主張している三人の議員と沖縄自民党県連をまるごと辺野古米軍基地づくりを容認する方向へ転換させるための、石破茂自民党幹事長による政治的恫喝が執劫に展開されたのである。

この安倍首相の意向をくんだ石破の脅迫のプロセスは、沖縄の人々に一九八七年の「琉球処分」という歴史的体験を想起させるものであったというのだ。

「沖縄でオスプレイ配備反対と普天間の県外移設を県民の総意として『建白書』にまとめ、41の全市町村長・議長に県議全員が東京行動に参加して、日比谷野外音楽堂で『NO OSPREY東京集会』が聞かれたのが今年1月27日。そのとき司会を務めて『140万人県民を代表してここに来ました』と述べ、万雷の拍手を受けた照屋守之・自民県連幹事長が、10ヵ月後の11月27日には、あえなく落城した国会議員、県連幹部と雁首をそろえて、変節の弁を述べた。30日、政府や党本部に報告した翁長正俊県連会長は、『県外』を主導してきた責任をとって辞任した。／かつて県連会長、県議長の要職にあった仲里利信県連顧問が、西銘恒三郎後援会長を辞任、自民党も離党して、名護市長選には稲嶺進現職を支援すると宣言した。／自民那覇市議団14人が、県連の公約違反に抗議して、衆院沖縄1区支部役員を降りた。市議の屋良栄作県連青年部長は方向転換を決めた総務会を退席し、青年部長を辞任、そして那覇市議会は、『辺野古沖移設を強引に推し進める政府に対し激しく抗議し、普天間基地の県内移設断念と早期閉鎖・撤去を求める意見書』を、全会一致で採択。」

沖縄民衆の意思を暴力的にかつ全面的に踏みにじる文字通りのステップを踏んだ後、一二月二五日、安倍首相は仲井真沖縄県知事と首相官邸で会談、とりあえず三五〇〇億円の振興予算の計上、その上に毎年三〇〇〇億円以上の振興予算という約束をふりかざし、米国との関係ではなんの保証もない「普天間飛行場の早期運用停止」「オスプレイ訓練は半分は沖縄県外」「日米地位協定を補足する新協定交渉の開始」といった「基地負担軽減策」なるものを提示し、知事から「驚くべき立派な内容を提示していただいた」「有史以来の予算」といった最大級のへつらい言葉を引き出し、ついに辺野古埋め立て〈基地づくりスタート〉承認へ引きづり込んだのである。

こうした、植民地差別政策によるアメリカ（軍）への手土産をつくり、その直後（二六日午前中）安倍首相は靖国神社参拝を実行して見せた。こちらはかつての植民地支配（侵略戦争）を正当化してみせる行為である。それは、中国・韓国といった被害地（国）のみではない、アメリカ、EUを含めた強い批判の声の安倍政権包囲という状況をつくりだした。

靖国参拝（そしてくりかえされる伊勢神宮参拝）も、正面から憲法二〇条の政教分離の原則を踏みにじる違憲行為である。「明文改憲」以前に、憲法を破壊してしまおうという〈壊憲〉行為である。この戦死者がうまれる状況を想定して、その死者を英雄とたたえる神社と国家との公然たる関係をこそつくりだそうという、国家神道「復活」策動は、一連の九条を中心とする平和主義・人権主義を破壊しようという立法と対応するものである。

憲法に規定のない（自民党の改憲プランには入っている）国家緊急権を前提として、「非常時」に首相、官房長官、外相、防衛相などに執行権を集中できる、強裁的人権侵害法である「国家安全保障会議法」、これと対応する何が隠すべき「秘密」であるかは首相ら権力者だけが決める、思想・言論の自由への弾圧法である戦後版「治安維持法」ともいうべき「特定秘密保護法」。それは日々拡大した反対の声（運動）を無視して、フルスピードで成立させてしまった。これらは、間違いなく、立法による実質改憲である。

他方で安倍政権は、アメリカ軍とともにどこででも戦闘のできる日本軍づくりへ向けた閣議決定（解釈改憲）への手続きも着々と積み上げている。

こうした「積極的平和主義」という欺瞞的ベール（スローガン）をかかげたこの政権の軍事大国（強国）への野望は、昨年一二月一七日に「新防衛大綱」と中期防衛整備計画とともに決定した、外交・軍事の基本方針である「国家安全保障戦略」にグロテスクにまで明らかである。

そこでは既に集団的自衛権の行使は前提とされた自衛隊の飛躍的増強が方針化されている。さらに、そとには「わが国の郷土を愛する心を養う」と「愛国心涵養」という文章がもりこまれている。

ここにも「靖国」イデオロギーと同様の自国のための戦争（殺し合い）を神聖化するイデオロギーが突出しているのだ（愛する国のために死ぬとことは美しい、というわけだ）。

今、安倍政権は、まず狙った改憲手続（九六条）をゆるめる改憲（壊憲）を突破口にして全面明文改憲へというコースは、とりあえずあきらめ、立法改憲・解釈改憲あるいは憲法無視という、戦後憲法破壊の動きを全面化しだしているのだ。

個別の法案（あるいは政策）への個別的対応を超えた、この全面〈壊憲〉の動きにトータルに対決する、個別課題主義的運動の枠を突破する横断的反政府闘争が、あらゆる運動課題の中で構想されまければなるまい（「秘密保護法案」反対運動の力強い横の広がりはその可能性を示した）。私たちの反改憲運動も、その課題に自覚的でありたい。

（『反改憲運動通信』第九期一五・一六号、二〇一四年一月二二日）

伊勢神宮・「靖国《ファシズム》」神社への安倍首相らの参拝

――「壊憲」策動への原則的批判を！

政権成立一周年の日（二〇一三年十二月二十六日）安倍晋三首相は靖国神社参拝を、ついに実行した。現職の首相の参拝としては二〇〇六年の八月十五日の小泉純一郎首相以来。献花し「内閣総理大臣 安倍」と記帳しながら首相の取りまきは「私的参拝」と政治的に強弁している。この靖国参拝には、必然的にかつて侵略・植民地支配された中国や朝鮮はもちろん他の諸外国からも抗議の声が上げられた。ロシア、EU、国連のバンギムン事務総長からも、ストレートな批判の言葉が飛び出し、たよりにしている同盟国アメリカにも、はじめて公然と「失望している」という言葉をあびせられるはめに落ちいった。特に、アメリカの公然たる強い反撥は、政治的脅迫と買収〈金〉というあくどい手口で辺野古米国基地づくりOKを沖縄仲井真知事から引き出すというみやげをつくって、参拝を実行した安倍たちにとっては「想定外」だったようだ）。

引っきりなしに「外交」の旅に出て、金をふりまき中国包囲網づくりにはげんでいるつもりの首相は、アッという間に、米中韓を軸にした日本バッシング包囲網がつくりだされた現実に、かなり動揺したようである。

そこで、靖国派の内閣である、この政権の総務相新藤義孝は一月一日に靖国参拝をしてみせ、安倍にエールを送ってみせた。

そして一月六日、首相は三重県伊勢市の伊勢神宮に参拝し、その足で年頭記者会見。「中韓との関係改善」の希望を強調してみせた。この原発再稼動の加速を平然と宣言したこの会見で、自分の方で足蹴にしといて、あらためて「無条件首脳会談」の呼びかけだ。どういう神経をしているのか。

さすがに外交的孤立を公然化させた、靖国参拝という歴史的愚挙に「アベノミクス」ヨイショメディアであるマスコミの中にも、大きく批判の声がうみだされている。「A級戦犯」を合祀している神社に、わざわざ参拝するなんて、外交的にドジというトーンがそこの批判の主流である。もちろん、「A級戦犯合祀」は大問題であるが、私たちの靖国（参拝）批判の論理が、そうしたものに切り縮められていてよいわけがない。ここで原則的な思想視座を再確認しておこう。靖国神社にA級戦犯が「合祀」されたことが、ではなく、靖国が「A級戦犯合祀」にふさわしい神社であること自体が問題なのである。「現人神」天皇が参拝し、戦死者を「神」なる「英霊」としてまつってくれる神聖な神社。だから、天皇の「聖戦」のために喜んで死ね。死ねば「英霊」になれる（「死んだら靖国で会おう」とは、そういうことだ）。国（天皇）のために死ぬことはすばらしい。このイデオロギー（装置）こそが、日本の侵略戦争に人々を動員し続けたのである。敗戦後、一民間宗教というモデルチェンジをして、靖国神社が残ったということは、このイデオロギー（装置）が、それなりに残ったということである。この侵略戦争神社という基本性格が残っている事実は、靖国神社の中にある「遊就館」をのぞいてみれば一目瞭然である。靖国神社発行の遊就館図録』のトップに収められた宮司湯澤貞の文章（「ご挨拶」）を引こう。

「靖国神社は東京招魂社として明治二年に創立されましたが、近代国家成立に際しましては不幸にも戊辰の役を始とする国内の争ひがありました。時代は下り日清日露の戦ひ、第一次世界大戦そして曩の大東亜戦争といふ対外戦争がございました。浦安の国平安な国、平和な世界を御切念遊ばされた大御心、英霊の御心に反し、近代国家成立の為、我国の自存自衛の為、さらに世界史的に視れば、皮膚の色とは関係のない自由で平等な世界を達成するため、避け得なかった戦ひがございました。／この国難にこの世では再び受くることのない尊い生命を捧げられたのが靖国神社に鎮まります英霊であり、その英霊の武勲、御遺徳を顕彰し、英霊が歩まれた時代である近代史の真実を明らかにするのが遊就館の使命であり、眼目であります」（傍点引用者）。

欧米列強（帝国主義）に対抗し、植民地支配のためのアジア侵略をくりかえした近代日本。そういう史実を無視し、アジアの「自由と平等」「平和」のための「自存自衛」のための戦争とするインチキ。それを歴史の「真実」と強弁する、かつての天皇制ファシズムの時代のイデオロギー、大日本帝国の「聖戦」史観が、そこに生きていることは明らかである。「聖戦」の「英霊顕彰」は、かつて戦争に人々を駆りたてるためにこそなされ続けた国家のセレモニーであり、その政治舞台が靖国神社であったのだ。それが、ここには、そのまま生きている。遊就館展示物は、そうした歴史観（認識）によって大量に集められているのだ。

この「聖戦」の「英霊顕彰」の場に、首相が参拝してみせることが、どういう政治的意味を持つかは、あまりにも明らかであろう。かつての植民地支配の侵略は、英雄的行為で実は「解放」のための正義の戦争であった。こういうメッセージを発しているのである。戦後の「反省」もくそもないのだ。かつて植民地支配され侵略された国や地域の住民が怒りの声を発するのは、まったくあたりまえの事なのである。そして、実は軍事同盟国への外交的配慮でハッキリと表現されていないがアメリカの公言された「失望感」の裏には、天皇制ファシズム（「国家神道」）を「復活」させようという安倍の歴史観（認識）への強い危惧と怒りがある。ファシズムを打倒した民主主義国際秩序そのものからの逸脱（同じ「価値観」など共有していないじゃないか、という「失望」）。安倍の参拝後、去年（一三年）五月、米誌「フォーリン・アフェアーズ」のアメリカ大統領がアーリントン国立墓地に行くことと、自分の靖国参拝と同じだという安倍発言への回答として、十月に「2＋2」で来日したケリー国務長官、ヘーゲル国防長官が「靖国」ではなく「千鳥ヶ淵霊園」を訪れて献花してみせたのだ、という事が、マスコミで語られだした。アーリントンに対応するのは「ファシズム神社」ではなくて、千鳥ヶ淵だよ、というシグナルだったのだ、というわけである。それは、まちがいなく、そうだったのだろうと私も思う。

もちろん、だからといって、私たちは安倍も千鳥ヶ淵どまりにすれば（あるいは無宗教の国立追悼施設をつくれば）よい、という立場には立たない。「ファシズム国家」（国家神道）の施設（セレモニー）であれ、「民主主義国家」の施設（セレモニー）であれ、国のために戦死した使者を顕彰するという、戦争のための追悼は許されないと考えるからである。死者の追悼の思いは、できるだけ個人的なものが当然ではないか（マジの追悼の思いは大きなセレモニーには、本当はなじまないはずだ）。「千鳥ヶ淵」や「アーリントン」の追悼という政治セレモニーにも、ゆえに賛成することはできない。

もう一点、首相の靖国参拝問題をめぐって、戦後平和憲法との関係で、キチンと整理しておかなければならない問題がある。

一月六日の安倍の年頭記者会見は、伊勢神宮に参拝した直後に伊勢市内で持たれたものである事については、すでにふれた。この伊勢神宮参拝と憲法（政教分離原則）との関係について、こそ考えてみなければなるまい。首相自身は、この憲法の原則を「破壊」するためにこそ伊勢神宮参拝した直後の会見を、してみせている、という点に十分に自覚的である。しかし、こぞって会見内容にふれたマスメディアに、この点を問題にしているものは絶無であった。私（たち）は、だからこそ、この問題に注目しておかなければならないはずである。

十月二日、安倍首相は麻生太郎副首相（財務相）らの閣僚をゾロゾロ引きつれて、二十年に一度、社殿を建て替える式年遷宮祭の「遷御《せんぎょ》の儀」に参列している。それは「豊受大御神《とようけおおみかみ》」が新殿へ「お遷《うつ》りになられる」ことを見まもることをクライマックスとする神道（宗教）儀礼を中心とした宗教儀式だ。もちろん戦後（政教分離原則）憲法下で、はじめての参列である。ここでも「私的参拝」と強弁してみせたが、首相としてデモンストレーションしながらの閣僚を引きつれての参拝が、「私的」とは、本当に人をバカにした主張である。安倍らは、これがまったくの憲法違反であることに十分に自覚的である。結果的に見れば、これは「靖国参拝」のステップとして準備されていたのだ。そして十二月二十六日の「靖国参拝」後に、一月六日にさらに伊勢参拝。これは安倍首相の一連の新しい「国家神道」づくり（「平和憲法」破壊）のための政治行為と考えるべきである。日本国憲法二〇条には、こうある。

「第二十条 信教の自由は、何人に対してもこれを保障する。いかなる宗教団体も、国から特権を受け、又は政治上の権力を行使してはならない。

2 何人も宗教上の行為、祝典、儀式又は行事に参加することを強制されない。

3 国及びその機関は、宗教教育その他いかなる宗教活動もしてはならない」。

首相（閣僚）らの靖国、伊勢参拝は、まちがいなく国による「宗教活動」である。〈「現人神」天皇の国、神の国の聖戦〉として国家を神聖化し侵略戦争を正当化し、戦死を美化する「国家神道」。

これの「復活」に向けて、国家非武装理念（九条）とともに平和憲法を支える重要な条文（政教分離原則）を、正面から破壊する「参拝」である。「靖国参拝」のみを問題にするマスコミ水準の批判にとどまらず、私（たち）はこの「国家神道」復活のための違憲の政治行動全体に批判の声をあげていかなければなるまい。

（『インパクション』一九三号、二〇一四年一月）

「平和」という名の戦争への暴走を支える自己陶酔
――安倍首相の「靖国」参拝から視えてくるもの

二〇一三年一二月二六日、小泉純一郎以来七年ぶりに、現職の首相である安倍晋三が靖国神社参拝を強行した。この件について、「首相『不戦の誓い』強調 関係国に真意説明」の見出しで、かなり好意的に論じた『読売新聞』（一二月二七日）は、以下のように報道している。

「首相は26日午前11時30分過ぎ、公用車で同神社に到着。モーニング姿で本殿に昇り、神道形式の正式な二礼二拍手一礼で参拝した。『内閣総理大臣　安倍晋三』名で献花と記帳を行い、私費で玉串料も納めた。／首相はまた、諸外国を含めて戦争に行って亡くなった全ての人々を慰霊するために同神社境内に設けられた鎮霊社にも、現職首相として初めて参拝した。／首相は参拝後、記者団に、『発足1年の安倍政権の歩みをご報告をし、二度と戦争の惨禍で人々が苦しむことのない時代を作るとの誓いをお伝えするためにこの日を選んだ』と述べた。／そのうえで、『中国や韓国の人々の気持ちを傷つける考えは毛頭ない。英霊の冥福をお祈りし手を合わせることは、世界共通のリーダーの姿勢だ』と語った。日本語と英語の談話をそれぞれ発表した。／首相は26日午後に出演した自民党のインターネット番組でも、「『(靖国神社にまつられた)戦犯を崇拝するために参拝していると いう誤解に基づいた批判がある』と説明。『日本が戦後ずっと平和国家としての歩みを進めてきた基本姿勢を貫いていくことに一点の曇りもない。謙虚に、礼儀正しく、誠意をもって説明し、対話を求めていきたい』と強調した」(傍点引用者)。

攻撃的軍事力を飛躍的に強化させながら、それは「積極的平和主義」政策であると、平然と言ってのけている、この首相が、侵略戦争《ファシズム》神社へその戦争の死者を「英雄」として顕彰するために参拝する行為を、「平和の誓い」であると、言ってのけたからといって、今さら驚くことではあるまい。こうした権力者にとっては、〈平和〉とは常に〈戦争〉と同義なのである。

しかし、「鎮霊社」への参拝という姑息な行為については一言触れなければなるまい。なにせ、前例のない参拝だったのだから(前例のないセコイ姑息さ!)。

この鳥居すらない鎮霊社は、鉄柵の外側からお参りしてという状態に長く放置され続けてきた、靖国神社にとっては隠したいものであった、と語っている辻子実は、以下のようにそれを論じている。

「二〇〇六(平成一八)年一〇月一二日になってやっと拝殿脇に入口が設けられ、身近に見学できるようになりました。／鳥居は、神社では、神域と人間が住む俗界を区分けする境を示します。招魂斎庭跡地にさえ、建てられていますが、鎮霊社には鳥居がありません。どうも靖国神社としては、大切にしたくない建物のようです。／鎮霊社は一八五三(嘉永六)年以降に世界中で戦争のために殺された人、殺した人、殺させた人すべてを神として祀る『宮』です。／ヒットラーもヒットラーの命令でアウシュビッツなどの強制収容所で殺されたユダヤ人の人々も、この『お宮』では、一緒に神になっていることになります。靖国神社では、鎮霊社の神は、慰められる対象ですが、本殿の神は慰め祀られ、かつ顕彰の対象です、と言ってます。／東条英機などA級戦犯は、靖国神になる前は、ここに祀られていたと考えられますが、本殿の神となって、初めて、その戦争犯罪が業績として顕彰されるということになります」(『靖国の闇にようこそ』二〇〇七年、社会評論社)。

この一九六五年に筑波藤麿宮司によってつくられた鎮霊社は、A級戦犯を合祀した松平永芳宮司によって「封印」されてきた(この間の経緯については『靖国戦後秘史』毎日新聞『靖国』取材班・毎日新聞社、を参照)、長く靖国神社によって、「靖国」にふさわしくないものとして扱われてきたものなのである。

わざわざ、靖国神社参拝とともに、インチキ「平和」鎮霊社にも参拝してみせて、「平和」を政治的にアピールするという、あきれた手口だ。知恵をつけた人物がいるのだろうが。

もう一点、『読売』の記事のいう「自民党のインターネット番組」とは、安倍首相らと、ネット右翼たち(あのヘイト・スピーチを吐き続ける人たち)との交流の場所のことであろう(この点については、『安倍政権のネット戦略』創出版、二〇一三年参照)。安倍のフェイスブックにふれて小田嶋隆は、こう語っている。

「産経新聞によれば、参拝後、『いいね!』ボタンが四万回押されたそうですね。……ちょうど白雪姫に出てくる魔法の鏡のように『世界で一番愛されているのはだれ?』と聞くと、『安倍さんに決まってますよ』という返事が返ってくる。それを毎日見ているうちに、どうしても影響される」(「『いいね!』過信が『失望』を招く」『朝日新聞』二〇一三年一二月二九日)。

ネット空間に閉ざされたコミュニケーションの中での自己陶酔。それがアメリカの「失望した」

という公然たる抗議の声をもうみださせたというのだ。

このデマゴギーにまみれた心情的「自己陶酔」史観の政治の暴走に抗する反「靖国」「反紀元節」（2・11）行動を、どうつくりだしていくのか。

私たちの運動は、すでにスタートしている。

（『反天皇制運動カーニバル』一一号、二〇一四年二月一〇日）

あとがき

二〇〇一年一月六日に刊行した『「日の丸・君が代」じかけの天皇制』以来だから、なんと十三年ぶりの、私の単独の著作ということになる。諸運動体のニュースに書き殴ってきた文章をまとめる作業は、これ以上のびたらまずいと考え（運動記録づくりも私の任務なのだから）、作業に取りかかっていたら、ついに外出不可能な病に。病苦の生活は五年目に入っている。長い闘病生活の中で、人間の身体というやつは、脱出不可能な監獄だ、それも拷問つきの、という実感を強くしている。それでも、私は、まったくダメだった数ヶ月をのぞいて、動きまわった。身体という拷問つき監獄は、限定的範囲なら監獄ごと移動できた、その点で本物の監獄とは違った。特に〈3・11〉以後は、突き動かされるように、苦痛をかみしめながら動き、読み、調べ、書いた。

私は、今まで、固有の課題にこだわり、運動し、その運動の中で書き続けてきた。今年で三〇年になる反天皇制運動連絡会の活動を軸に、反天皇制という課題では、すでに五冊まとめてきた。九五年にスタートした、〈反安保・沖縄反基地闘争連帯・反戦〉の課題でも二冊まとめている。運動課題は〈反改憲〉がその後プラスされ（「『反改憲』運動通信」のスタートは二〇〇五年～六年、第一次安倍晋三政権の成立の時点のはずだ）、その後〈3・11〉以後は、反原発運動がプラスされた。

本書は課題別運動記録というスタイルでないものになった。別々にまとめるにしても書かれた分量が多すぎるという点と、〈災後〉すなわち〈病苦〉の時間のものを一まとめにしておきたいという思いが、そうさせた。

もちろん、今こそ、課題連関を緻密に考え抜いた政治的社会運動の必要を痛切に実感しているからこそ、〈反天皇制〉・〈反戦・反安保・沖縄連帯〉・〈反改憲〉・〈反原発〉という四つの固有の課題を同時に運動的に追跡した記録を、一つにまとめて、〈災後〉の時代を記録しておきたかったのである。〈壊憲〉の暴走を加速している安倍政権による、三回目の〈3・11〉天皇式典は、目前である。抵抗の運動を、さらに広く深く構想し、実行していかなければなるまい。

私は、運動に関係しだし、思想的にもの心がついていらい、〈行動を伴わない思想は信じるな〉を思想の一番大切なモラルとして生きてきた。本書の文章群も、病苦にあえぎながらであれ、なんとか行動の軌跡として残せたことに満足している（ただ、貝原浩さんが亡くなってしまいついにインパクト出版会から彼のブックデザインではない私の本を刊行せざるをえない時代になってしまったのは、本当に残念である）。深田卓さん、今回もありがとう。

三〇回目の反紀元節（2・11）行動の後、記録的大雪の翌日である二〇一四年二月一六日に。

天野恵一（あまのやすかず）
1948年生まれ。

著書
『危機のイデオローグ—清水幾太郎批判』批評社、1979年
『皇室情報の読み方—天皇制イデオロギー論』社会評論社、1986年
『情報化社会の天皇制—続天皇制イデオロギー論』社会評論社、1988年
『全共闘経験の現在』インパクト出版会、1989年、増補新版1997年
『マスコミじかけの天皇制』インパクト出版会、1990年
『メディアとしての天皇制』インパクト出版会、1992年
『「恋愛結婚」じかけの天皇制』インパクト出版会、1993年
『「無党派」という党派性—生きなおされた全共闘経験』インパクト出版会、1994年
『反戦運動の思想—新ガイドライン安保を歴史的に問う』論創社、1998年
『〔無党派運動〕の思想—〔共産主義と暴力〕再考』インパクト出版会、1999年
『沖縄経験—〈民衆の安全保障〉へ』社会評論社、2000年
『「日の丸・君が代」じかけの天皇制』インパクト出版会、2001年

災後論
核（原爆・原発）責任論へ

2014年3月11日　第1刷発行

著　者　天　野　恵　一
発行人　深　田　　　卓
装幀者　宗　利　淳　一
発　行　インパクト出版会
〒113-0033　東京都文京区本郷2-5-11　服部ビル2F
Tel 03-3818-7576　Fax 03-3818-8676
E-mail：impact@jca.apc.org
http:www.jca.apc.org/~impact/
郵便振替　00110-9-83148

モリモト印刷